AF577532

Feldbahngeschichten

Schmalspurige Werkbahnen in Westfalen und Lippe

Burkhard Beyer

mit Beiträgen von
Christoph Beyer, Matthias Lentz, Rüdiger Uffmann und Michael Veldkamp

Begleitpublikation
zur Wanderausstellung
„Feldbahngeschichten"
des LWL-Museumsamtes für Westfalen
2021 bis 2023

Erstellt mit Unterstützung der
Historischen Kommission für Westfalen
und des LWL-Industriemuseums
Ziegelei Lage

LWL
Für die Menschen.
Für Westfalen-Lippe.

Impressum

Verlag:
DGEG Medien GmbH
Monforts Quartier 1 · 41238 Mönchengladbach

Satz und Bildbearbeitung:
Dr. Burkhard Beyer, Münster

Druck:
Bonifatius Druck, Paderborn

1. Auflage · 2022

ISBN: 978-3-946594-24-6

Titelbild: Elektrische Ziegeleibahn der Firma Bockelmann & Kuhlo. Nähere Angaben siehe Seite 52.

Inhalt

Vorwort

Es gab eine Zeit, da waren Feldbahnen allgegenwärtig. Keine größere Baustelle kam ohne sie aus, kein Industrieunternehmen. Beim Militär waren Gleise und Loren ebenso unverzichtbar wie im Bergbau, in Ziegeleien oder Steinbrüchen. Rückblickend betrachtet währte diese besondere Bedeutung der Feldbahn nur etwas mehr als ein halbes Jahrhundert – während die Bedeutung der Eisenbahn nun schon seit gut 200 Jahren anhält. Der flächendeckende Einsatz der Feldbahn begann um 1900, als einfache, von Hand zu verlegende Gleise und flexible Loren zur Massenware wurden. Der Boom endete in den 1950er-Jahren, als Gabelstapler, Förderbänder und Lastwagen binnen kurzer Zeit dominierend wurden. In einigen Nischen hielten sich Feldbahnen noch etwas, heute kommen sie nur noch im Torfabbau zum Einsatz.

Der große Vorteil des Feldbahnsystems war seine Flexibilität. Die einfachen Gleise und Weichen konnten fast überall verlegt werden, die Loren fast jedem Bedarf angepasst werden. Die Feldbahn war damit ein denkbar vielfältiges Verkehrsmittel, das immer wieder auf alten Bildern und in alten Akten zu finden ist. Wie vielfältig die Feldbahnen tatsächlich waren, sollte die Ausstellung „Feldbahngeschichten" zeigen, die Rüdiger Uffmann und der Herausgeber dieses Bandes 2019 im Industriemuseum Ziegelei Lage des Landschaftsverbandes Westfalen-Lippe (LWL) gezeigt haben. Dem Arbeitsgebiet des LWL folgend beschränkte sich die Auswahl der Beispiele auf Westfalen und Lippe. Zugleich sollte damit gezeigt werden, dass sich alle wichtigen Einsatzbereiche anhand westfälischer Beispiele verdeutlichen lassen – vom Weinanbau, dem Küstenschutz und von Kriegseinsätzen einmal abgesehen. Diese regionale Selbstbeschränkung wurde im vorliegenden Buch beibehalten, sie ist angesichts der vorgefundenen Vielfalt aber kaum als Einschränkung zu sehen. Eine Ausnahme ist die Beschreibung der Anstalt Freistatt im südlichen Niedersachsen, deren enge Anbindung an die Anstalt Bethel bei Bielefeld eine Berücksichtigung rechtfertigen kann.

Vorige Seite: Der Mangel an Wohnraum zwang 1948 die Handwerkerfamilie Beyer in Brackwede (heute Teil der Stadt Bielefeld), sich selbst um den Neubau eines Hauses zu kümmern. Alles, was irgendwie in Eigenleistung bewältigt werden konnte, wurde dabei selbst erledigt. Das galt auch für das Ausschachten der Baugrube, was sich wegen des Kalksteins als mühsam herausstellte. Für den Transport konnte man sich von einem Nachbarn eine Lore und einige Gleise ausleihen. Für ein Foto mit der familieneigenen Plattenkamera stellten sich alle Mitwirkenden und drei neugierige Nachbarskinder passend auf. Der Bauherr positionierte sich mit der Spitzhacke oben links neben der Lore. Auch die abenteuerliche Aufständerung des Gleises durch Stapel von Steinen wurde unfreiwillig dokumentiert. (Foto: Sammlung Helmut Beyer)

Wie viele Feldbahnen es in Westfalen und Lippe gegeben hat, wird sich nicht mehr klären lassen, es werden tausende gewesen sein. Das vorliegende Buch kann deshalb von vornherein nur einen winzigen Ausschnitt bieten. Ob die getroffene Auswahl auch nur ansatzweise repräsentativ ist, lässt sich nicht entscheiden. Neben einer einigermaßen gleichmäßigen Berücksichtigung der Branchen und Regionen war vor allem die Überlieferung entscheidend für die Auswahl. Von welcher Bahn gibt es anschauliche Bilddokumente, zumindest Relikte oder Karten? Vor allem aber: Von welcher Bahn lässt sich eine interessante Geschichte erzählen? Was weiß man über die Bahnen? Der Titel des Buches ist nicht zufällig gewählt – es geht nicht nur um Bilder, es geht um Geschichten.

Wie jede Sammlung lebt auch die der Feldbahngeschichten vom Austausch. Zum Glück teile ich mein Interesse mit anderen Eisenbahnfreunden. Vier davon – Christoph Beyer, Dr. Matthias Lentz, Rüdiger Uffmann und Michael Veldkamp – haben mit eigenen Beiträgen zum Band beigetragen, herzlichen Dank dafür! Für Unterstützung, Auskünfte und Fotos gilt mein Dank außerdem Erhard Beyer, Helmut Beyer, Sebastian Beyer, Verena Burhenne, Christian Dahm, Dr. Ulrike Gilhaus, Philipp Koch, Rolf Köstner, Willi Kulke, Dieter Riehemann, Wolfgang-D. Richter, Jörg Seidel, Uwe Stieneker, Ulrich Völz und Malte Werning.

Münster, im Sommer 2021 *Dr. Burkhard Beyer*

Die ersten Feldbahnen?

Der „Rauendahler Schiebeweg“ und andere frühe Kohlenbahnen

War die erste deutsche Eisenbahn eine Feldbahn? Die Frage ist gar nicht so leicht zu beantworten, denn was unterscheidet eine Eisenbahn von einer Feldbahn? Die erste deutsche „richtige“ Eisenbahn, darüber herrscht weitgehend Einigkeit, fuhr 1835 zwischen Nürnberg und Fürth. Sie war die erste Bahn auf dem Gebiet des späteren Deutschen Reiches, die Dampfloks verwendete und öffentlichen Personenverkehr anbot. Vorläufer gab es aber längst.

Öffentlichen Verkehr kannte auch die 1827 eröffnete Pferdebahn von Linz nach Budweis. Sieht man die Schienen als entscheidendes Merkmal einer Eisenbahn an, so gab es diese schon lange untertage im Bergbau, auch wenn sie jahrhundertelang aus Holz bestanden. Schon vor 1800 entstanden im Ruhrtal auch oberirdische „Schlepp-“ oder „Schiebebahnen“, mit denen die Kohle von den Zechen an den Hängen des Ruhrtals hinab zum Fluss befördert und dort in Schiffe umgeladen wurden. 1787 entstand eine solche Transportbahn für die Gruben zwischen den heutigen Bochumer Stadtteilen Linden und Sundern. Ab 1794 nagelte man auf die Hölzer rechtwinklige Schienen aus Eisen, die von der Gutehoffnungshütte in Sterkrade stammten. Jeder Wagen war mit einem Bremser besetzt, der ihn sicher bergab bringen musste; Pferde zogen die leeren Wagen wieder bergauf. Eine solche Anlage hätte man später zweifellos als Feldbahn bezeichnet. Die vollwertige Eisenbahn hat sich also aus feldbahnartigen Vorläufern entwickelt, und diese urtümlichen Bahnen bestanden neben der neuen Eisenbahn zunächst unvermindert fort. Viele der alten Kohlenbahnen im Ruhrtal waren noch bis weit ins Eisenbahnzeitalter in Betrieb.

Der Rauendahler Schiebeweg verschwand, weil die Kleinzechen erschöpft waren. Andere wurden entbehrlich, weil neue Bahnstrecken den vergrößerten Zechen leistungsfähige Anschlussgleise ermöglichten. Bis zum Ende des 19. Jahrhunderts waren alle alten Kohlenbahnen verschwunden.

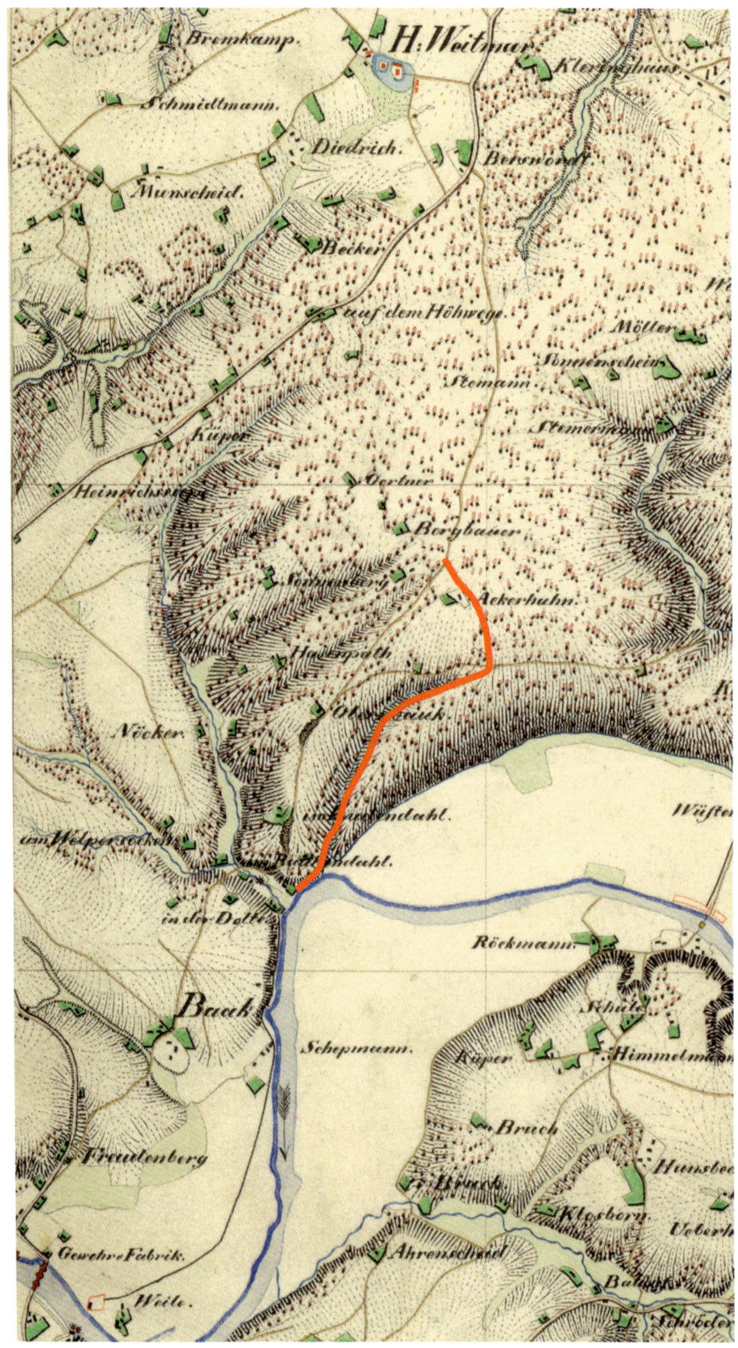

Vorige Seite: Welchen genauen Verlauf die „Schiebewege“ hatten, ist nicht immer bekannt. Der mutmaßliche Verlauf des Rauendahler Schiebewegs ist hier auf der ersten genauen preußischen Karte, dem „Urmesstischblatt“ von 1840 nachträglich eingetragen. Erstaunlicherweise fehlt der Schiebeweg auf der Karte ebenso wie die anderen frühen Eisenbahnen in der unmittelbaren Nachbarschaft. (Karte: Staatsbibliothek zu Berlin)

Bilder rechts: 1993 wurde ein Nachbau des von Bergrat Eversmann für den Schiebeweg vorgeschlagenen Kohlenwagens auf dem Gelände des Wasserwerks an der Ruhr als Denkmal aufgestellt – wie die tatsächlich eingesetzten Wagen aussahen, ist leider nicht bekannt. 2019 war von dem Nachbau nur noch eine Ruine geblieben. Unten: Die Trasse ist abschnittsweise noch als Wanderweg zu erkennen. (Foto oben: Wikipedia/Stahlkocher 2004, Fotos unten: Markus Schweiß 2019)

Friedrich Harkorts Kohlenbahn

Die Schlebusch-Harkorter Eisenbahn bei Hagen

Friedrich Harkort (1793–1880) gilt als einer der Gründungsväter des Ruhrgebietes – nicht nur, weil er in der ehemaligen Burg in Wetter 1819 die erste Maschinenfabrik der Region etablierte, sondern auch, weil er mit seinen politischen Initiativen und Veröffentlichungen die Wirtschaft voranzubringen versuchte. Berühmt ist sein wegweisender Aufsatz von 1825, in dem er den Bau einer Eisenbahn nach englischem Vorbild zwischen Rhein und Weser forderte – 1847 sollte die Strecke von Köln nach Minden Wirklichkeit werden. 1826 gründete er mit anderen Gewerken eine Gesellschaft, die sich um den Bau einer Eisenbahn von den Kohlegruben im Raum Silschede (heute Stadt Gevelsberg) zum Harkort'schen Eisenwerk in Haspe (heute Stadt Hagen) kümmern sollte. Der Bau erforderte eine Reihe von Dämmen, Einschnitten und Brücken, was die Bahn viel aufwendiger werden ließ als die frühen Kohlenbahnen im Ruhrtal.

1829 wurde der Betrieb der Pferdebahn eröffnet, zunächst mit Holzschienen und einer Spurweite von 655 mm – sieben Jahre vor der ersten öffentlichen Eisenbahn mit Dampfbetrieb zwischen Nürnberg und Fürth. Zwei Pferde zogen zunächst Züge mit jeweils acht Wagen. Ab 1856 wurden Stahlschienen mit einer Spurweite von 889 mm (ab 1898: 900 mm) verwendet, das Zuggewicht konnte verdoppelt werden.

1876 ersetzten Dampfloks die Pferde. Ab 1882 reichte die Strecke bis zum Hüttenwerk in Haspe, das Kohlen aus Silschede erhielt. 1889 verlor die Bahn ihre Bedeutung, da die wichtigsten Zechen nun einen regelspurigen Eisenbahnanschluss erhielten. 1908 übernahm das Hüttenwerk den südlichen Teil der Bahn, um Schlacke zur Halde Enerke zu befördern. Der nördliche Teil wurde 1960 eingestellt, der südliche 1965. Teile der Trasse sind als Wanderweg noch gut zu erkennen. Zwei der zuletzt eingesetzten Loks befinden sich bei einer Museumsbahn im Rheinland.

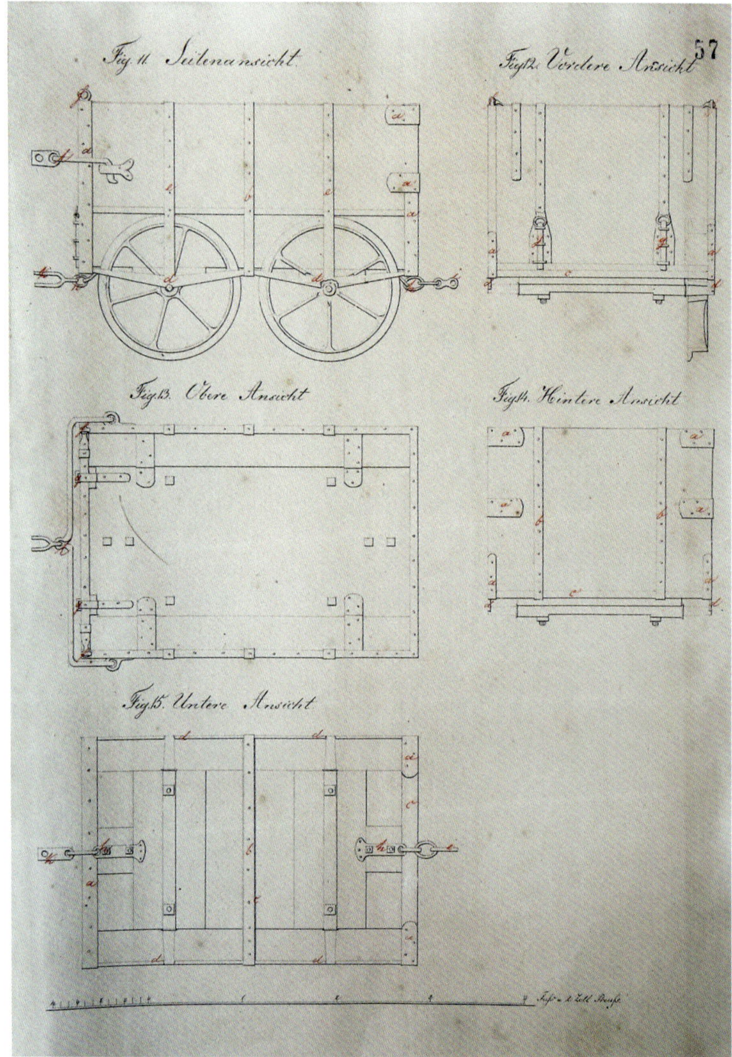

Verschiedene Ansichten eines Wagens der Kohlenbahn in einer Akte der Bergbauaufsicht. (Landesarchiv NRW, Abteilung Westfalen, M 501 Oberbergamt Dortmund, Nr. 598).

Auf dem Urmesstischblatt „Hagen“ von 1840 ist die Harkorter Kohlenbahn als dünne Linie eingetragen, der genaue Verlauf ist hier als rote Linie nachgezeichnet. (Karte: Staatsbibliothek zu Berlin)

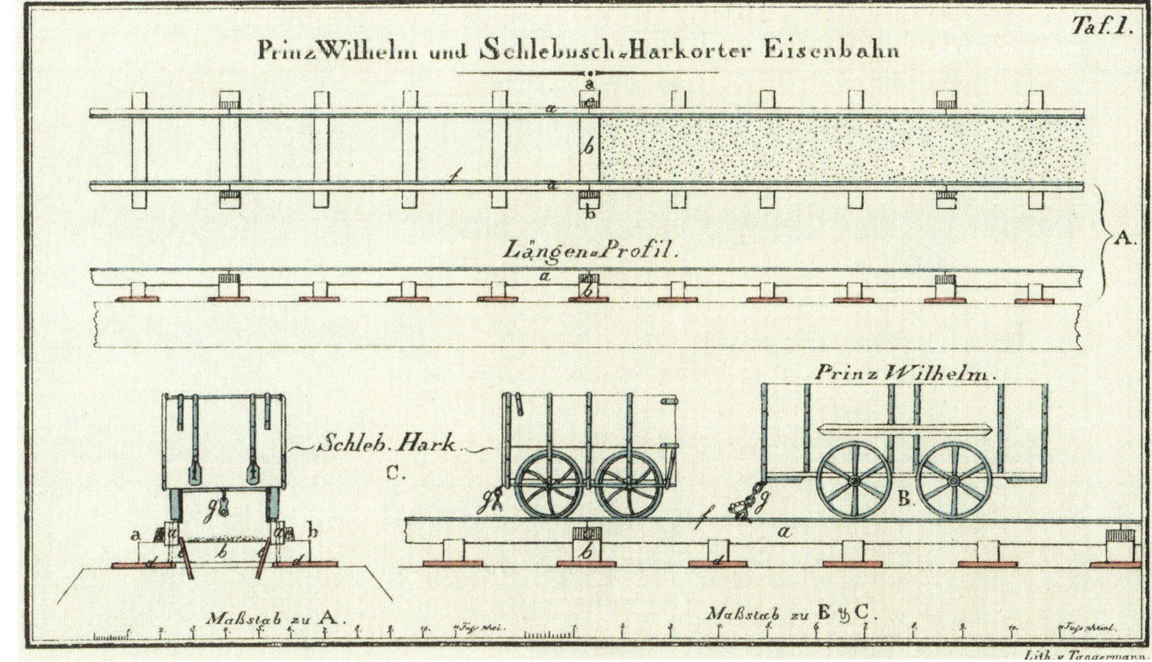

Eine Darstellung der Wagen und Gleisanlagen der Schlebusch-Harkorter Kohlenbahn sowie der Prinz-Wilhelm-Eisenbahn nahm Friedrich Harkort in sein einflussreiches Buch zum Bahnbau auf. (Auszug aus: Friedrich Harkort, Die Eisenbahn von Minden nach Coeln, Hagen 1833, Nachdruck 1961)

Untertagebahnen im Ruhrgebiet

Fahrzeugvielfalt über zwei Jahrhunderte

Nirgendwo in Europa gab es ein so ausgedehntes Netz an Schmalspurbahnen wie in den Stollen des Ruhrkohlenbergbaus – genaugenommen waren es viele einzelne Netze, die nur in Ausnahmefällen miteinander verbunden waren. Für die Fördermenge der Zechen war die Leistungsfähigkeit der Untertagebahnen von entscheidender Bedeutung, denn was die Hauer vor Ort gewannen, musste ja irgendwie an die Oberfläche. Das Schieben von Loren („Hunten“) war zeit- und personalaufwändig. Pferde konnten mehrere Loren ziehen, waren aber kaum schneller. Die erste technische Lösung war ein maschinengetriebenes, umlaufendes Seil, in das die Loren mit einer Art Anker eingehängt wurden.

Dampfloks kamen für den Untertageeinsatz nicht in Frage, einen echten Fortschritt brachten deshalb erst elektrische Lokomotiven. Die erste baute Siemens 1882 für eine sächsische Grube, bis 1914 führten auch viele Zechen im Ruhrgebiet diese Art der Förderung ein. Aber eine Oberleitung war in den engen Tunneln für die Arbeiter gefährlich, der Funkenflug am Stromabnehmer konnte, wie man erst langsam erkannte, Gasexplosionen auslösen. Elektroloks blieben damit auf gut belüftete Hauptstrecken beschränkt. Als Alternative erschienen kurz vor dem Ersten Weltkrieg Pressluftloks, deren Antrieb dem einer Dampflok ähnelte. Um die Druckluftflaschen aufzuladen, waren unter Tage leistungsfähige Kompressoren erforderlich, die nur langsam Verbreitung fanden.

Nach dem Ersten Weltkrieg wurden auch viele Diesel- oder Benzolloks für den Untertageeinsatz gebaut, sie waren wegen ihrer Abgase aber ebenfalls nicht optimal. Als sicherste Untertagelok hat sich schließlich die Akkulok bewährt. Erfunden schon vor 1900, konnte sie sich erst langsam durchsetzen. In den meisten Zechen des Ruhrgebietes waren die Schmalspurbahnen unter Tage am Ende des 20. Jahrhunderts durch Hängebahnen und Förderbänder ersetzt. In einigen Bereichen blieben sie aber bis zum Ende der Steinkohlenförderung unersetzlich.

Schienengebundene Bahnen waren im Bergbau allgegenwärtig und unersetzlich. Das wahrscheinlich in den 1950er-Jahren entstandene Bild zeigt die Beladung von Grubenwagen mit Steinkohle über eine Rutsche aus einer höher gelegenen Abbaustelle.

Der Transport der Kohle unter Tage zu den Schächten war lange ein Flaschenhals in der Fördertechnik. Dementsprechend vielfältig waren die technischen Lösungen, mit denen experimentiert wurde. Die auffällige Oberleitungslok mit den unterschiedlich großen Rädern (Foto von 1927 in der Kaiser-Wilhelm-Grube) war ein ausgefallener Versuch, der sich aber nicht durchsetzen konnte. (Beide Bilder: Montanhistorisches Dokumentationszentrum (montan.dok) beim Deutschen Bergbau-Museum Bochum)

Diese Seite: Verschiedene Formen von Elektrolokomotiven im Untertageeinsatz im Ruhrgebiet. Die eindrucksvollen Bilder aus der Sammlung des Bergbauarchivs in Bochum sind von den Fotografen leider nur selten beschriftet worden. Genaue Angaben zu den Gruben und den gezeigten Fahrzeugen sind deshalb nicht möglich.

Die Bilder oben zeigen zwei verschiedene Bauformen von Pressluftlokomotiven, links mit verdecktem Antrieb, rechts mit offenem Antrieb über dampflokähnliche Zylinder und Treibstangen. Unten: Akkumulator-Lokomotive von AEG, eine der fortschrittlichen Maschinen im Untertageeinsatz. (Fotos: Montanhistorisches Dokumentationszentrum (montan.dok) beim Deutschen Bergbau-Museum Bochum)

Die Platzloks der Ruhrkohle AG

Zubringerdienste zum Schacht

„Entscheidend is' auf'm Platz" sagte einst Fußballlegende Adi Preißler. Für den Bergmann ist die wichtigste Stelle zwar „vor Ort", also die Abbaustelle – aber ohne den „Platz" läuft dort gar nichts. „Platz" hieß die große Lagerfläche in der Nähe des Schachtes, auf der alles gelagert wurde, was der Bergmann vor Ort brauchte. Den größten Teil nahmen Holz und verschiedenste Stahlteile für den Stollenausbau ein. Daneben gab es die verschiedensten Werkzeuge, Maschinenteile, Kabel und Rohre, Kraftstoffe, Schmiermittel und vieles andere mehr. Der ganze Platz war mit Gleisen erschlossen, so dass die angeforderten Materialien einfach in Förderwagen oder Spezialfahrzeuge verladen und zum Schacht gebracht werden konnten, wo es nach unten ging.

Auch viele Werkstätten der Schachtanlage hatten einen Gleisanschluss, über die defekte Maschinen angeliefert und nach der Reparatur wieder zurückgeschickt werden konnten. Umgekehrt kam der giftige oder noch verwertbare Abfall, der nicht unter Tage bleiben sollte, mit den Loren wieder nach oben und wurde auf dem Platz zwischengelagert. Für den abwechslungsreichen Rangierdienst auf dem Platz hielt jede Zeche mehrere Lokomotiven vor. Hier konnten ganz gewöhnliche Feldbahnloks verwendet werden, denn auf die Höhe musste – anders als in den Schächten – keine Rücksicht genommen werden. Nicht selten kamen aber auch ausgediente Untertageloks auf dem Platz zum Einsatz. Diese Loks passte man oft dem Übertagebetrieb an, was zu teilweise kuriosen Umbauten führte. In den 1990er-Jahren waren noch viele solcher Platzloks im Einsatz. Bei den letzten aktiven Zechen traten Gabelstapler die Nachfolge an.

Lok 1 der Zeche Lohberg hat im Juni 1997 mehrere Wagen zum Schacht geschoben – nun werden sie Stück für Stück zur Hängebank hochgezogen und dann in die Tiefe hinabgelassen. Die Maschine wurde von der Dortmunder Firma Rensmann gebaut.

Oben: Lok 6 des Schachtes „Heinrich Robert" in Hamm-Herringen, eine von Deutz gebaute ehemalige Grubenlok, rangiert 1988 auf einer eindrucksvollen Weichenanlage. Unten: Lok 3 des gleichen Schachtes, ebenfalls eine ehemalige Grubenlok von Deutz.

Oben: DIEMA-Lok der Zeche „Minister Achenbach" in Lünen-Brambauer 1991, eine typische Feldbahn-Maschine. Unten: Deutz-Lok mit Stangenantrieb auf dem Gelände der Zeche Haus Aden, ebenfalls 1991. (Alle Fotos: Ulrich Völz)

Letzte Feldbahnreste in Ibbenbüren

Direkt am Schacht waren doch noch Gleise nötig

Der Schienenbetrieb unter Tage endete in Ibbenbüren – eine der beiden letzten deutschen Steinkohlenzechen – schon viele Jahre vor dem Auslaufen der Förderung Ende 2018. Die Strecken konnten noch so aufwändig gesichert und ausgebaut sein, das Gestein drückte sich immer wieder von unten in die Hohlräume hinein. Bei den geologischen Verhältnissen in Ibbenbüren erforderte ein sicherer Schienenbetrieb eine ständige Überarbeitung der Gleise.

In den 1960er-Jahren wurde deshalb eine Einschienenhängebahn eingeführt, zunächst für die Personenbeförderung, dann aber auch für Materialtransporte. In den 1970er-Jahren konnte auch die Kohleförderung vollständig auf Förderbänder umgestellt werden, der Schienenbetrieb unter Tage war damit entbehrlich. Zumindest fast entbehrlich, denn die sonst so praktische Hängebahn hatte einen Nachteil: Sie konnte nicht in den Förderkorb fahren. So entstand vor dem Schacht eine Umladeanlage, in der die mit der Hängebahn herangebrachten Wannen auf Grubenbahnuntergestelle herabgelassen wurden – das System erinnerte an den modernen Containerverkehr. Die Grubenbahnwagen rollten dann ganz konventionell auf Gleisen in den Förderkorb, übertage konnten sie auf dem großen Lagerplatz verteilt werden. Diese Betriebsweise war bis zum Ende der Steinkohlenförderung Alltag – ein kleiner Feldbahnrest blieb also doch noch erhalten. Und das sogar noch etliche Monate über das Ende der Förderung hinaus. Allerdings brachten die Wagen nun kein Material mehr ins Bergwerk hinein, sondern nur noch alles irgendwie brauchbare heraus.

Eines fehlte aber schon lange auf dem Gelände rund um den für die Materialversorgung zuständigen Nordschacht in Mettingen: Lokomotiven auf dem Lagerplatz. Die Beförderung der Wagen in den Förderkorb und wieder hinaus übernahm eine Förderkette zwischen den Gleisen, den Rest erledigten Gabelstapler. Die einst so verbreiteten „Platzloks" suchte man hier vergebens.

Oben: Blick vom Umladebahnhof auf den Schacht. Erst wenn der Förderkorb auf Höhe der Sohle zum Stillstand gekommen war, wurden die beiden in Bildmitte sichtbaren Brücken heruntergeklappt, Fahrzeuge konnten dann in den Förderkorb fahren. Die Brücke links war für zwei verschiedene Spurweiten ausgelegt. (Alle Fotos: Burkhard Beyer 2018)

Blick vom Schacht auf die dreigleisige Umladestation zwischen der Einschienenhängebahn und den Grubenwagen. Die Behälter mussten nicht umgeladen werden, die Aufbauten der Grubenwagen wurden einfach hochgezogen und an der Hängebahn befestigt. Die Hängebahnzüge hatten an beiden Seiten Fahrerkabinen und Antriebseinheiten.

Am anderen Ende der Umladestation befand sich eine Schiebebühne für die Grubenbahnwagen.

Schienen im Tauchparadies

Die Schiefergrube in Nuttlar

Schiefer ist im Sauerland bis heute ein wichtiger Baustoff. Da Lehm für Ziegel hier immer schon knapp war, wurden Schieferplatten für das Eindecken der Häuser und für die Verkleidung von Wänden verwendet. Schiefer nennt man als Sediment abgelagerte Gesteine, die sich leicht in dünne Platten aufspalten lassen.

Einer der wichtigen Abbauorte war das im oberen Ruhrtal gelegene Nuttlar, heute Teil der Gemeinde Bestwig. 1857 entstand hier die Firma W. Gessner & Co., die seit 1867 den Namen „Schieferbau-Actien-Gesellschaft Nuttlar" trug. Die besten oberirdischen Lagerstätten waren früh erschöpft, so dass man 1878 zum Bergbau überging, 1892 endete der Tagebaubetrieb. Der in großen Blöcken gewonnene Schiefer wurde in einem langen Gebäude an der Hauptstraße zunächst zerkleinert, dann aufgespalten und zugeschnitten. Eine Feldbahn mit der ungewöhnlichen Spurweite von 550 mm verband die Stollen mit der „Plattenfabrik". Von einem Lokeinsatz ist nichts bekannt, vermutlich war das Schieben der Wagen von Hand bis zum Ende der Normalfall. 1972 schloss sich der Betrieb in Nuttlar mit dem Konkurrenten in Siedlinghausen zur „Schieferbau Schmelzer & Co. KG" zusammen.

1985 endeten Förderung und Verarbeitung, Gleise und Loren kauften einige Jahre später Eisenbahnfreunde aus dem Ruhrgebiet. Für die Mehrzahl der Betriebsgebäude wurde vergeblich nach einer neuen Nutzung gesucht, sie sind inzwischen abgerissen.

Seit 2013 sind immerhin die Reste des Stollens im Rahmen von Führungen begehbar. Die tieferen, abgesoffenen Bereiche dienen heute dem Tauchsport. Wer den entsprechenden Tauchschein hat, kann also unter Wasser verrosteten Schienen folgen und die letzten in der Grube verbliebenen Loren aufsuchen.

Vorige Seite: Im Sommer 1986 war der Betrieb erst seit einigen Monaten eingestellt, Loren und Gebäude warteten auf eine weitere Nutzung. Rechts und links der Bearbeitungswerkstätten für Dachschiefer rutschten die Reste in bereitgestellte Loren, die nahegelegene Halde ist bis heute gut zu erkennen.

Diese Seite: Spektakuläre Anblicke bietet das Besucherbergwerk Nuttlar heute. Die Gleise führen direkt hinab in den gefluteten Bereich. Das Höhlenlabyrinth ermöglicht vielfältige Tauchgänge, auch einige Loren und Förderwagen sind dabei unter Wasser noch zu entdecken. (Foto: Michael Strassburger)

Die Aschenbahn im Kraftwerk

Bis zum Ende des Kohlekraftwerks war die Feldbahn in Betrieb

Ende 2018 wurden im Westen der Stadt Lünen die beiden letzten mit Steinkohle betriebenen Blöcke des Steag-Kraftwerks endgültig abgeschaltet. Nach dem Auslaufen eines Liefervertrages für Bahnstrom waren seine Kapazitäten verzichtbar, die Produktion war unwirtschaftlich geworden.

Bis zum Betriebsende hatte das Kraftwerk eine Besonderheit aufzuweisen: Unterhalb der Öfen verkehrte eine kurze Feldbahn mit einer Spurweite von 600 Millimetern, deren Aufgabe es war, grobe Schlackestücke aus dem Gebäude abzutransportieren. Noch auf dem Gelände des Kraftwerks erfolgte anschließend der Umschlag in Lastkraftwagen. Vorhanden waren zwei dunkelgrüne, 1958 und 1964 von SCHÖMA gebaute Dieselloks sowie 25 Kipploren, die hochwertige Mulden aus Edelstahl erhalten hatten. Wegen der beengten Verhältnisse unter dem Ofen war diese besondere Art der Abfuhr bis zum Ende der Betriebszeit des Kraftwerks offenbar unverzichtbar. Sicherheitshalber standen deutlich mehr gut gepflegte Fahrzeuge zur Verfügung, als tatsächlich gebraucht wurden.

Mit der Stilllegung des Kraftwerks verlor auch die Feldbahn ihre Aufgabe. Die beiden Loks und die Kipploren kamen im Januar 2019 als Spende der Steag zur Arbeitsgemeinschaft „Muttenthalbahn e. V.", die in Witten ein Feldbahnmuseum sowie eine öffentliche Feldbahnstrecke von der ehemaligen Zeche Theresia zum Industriemuseum Zeche Nachtigall betreibt (siehe unten ab Seite 142). Den Feldbahnfreunden waren die bestens erhaltenen Fahrzeuge verständlicherweise sehr willkommen.

Im Sommer 2020 begann der Rückbau der drei Kraftwerksblöcke. Die Rauchgasentschwefelungsanlage wurde im Oktober 2020 gesprengt, 2021 folgten Elektrofilter und die Rauchgasentstickungsanlage. Im März 2021 wurden die Sprengsätze an Kühlturm, Kesselhaus und Schornstein gezündet.

Im Oktober 1999 wurden beiden SCHÖMA-Loks Nr. 1 (Nr. 2798 von 1964, Typ CDL 28) und Nr. 2 (Nr. 2136 von 1958, Typ CDL 20) für den Fotografen ins rechte Licht gerückt.

Vorige Seite: Lok 2 vor dem Kühlturm des Kraftwerks.

Bei gleicher Gelegenheit konnten auch zwei Kipploren unter der Schlackenverladung aufgenommen werden. (Fotos: Ulrich Völz)

Die Schmalspurbahn der Westfalenhütte in Dortmund

Schwerlastbetrieb auf 800 mm Spurweite

Kann man die Schmalspurbahn der Westfalenhütte in Dortmund noch als Feldbahn bezeichnen? Das Streckennetz innerhalb des ab 1871 errichteten riesigen Hütten- und Stahlwerks der Hoesch AG war in Spitzenzeiten 17 Kilometer lang und hatte 325 Weichen, zeitweise waren 20 Dampfloks vorhanden rund um die Uhr im Einsatz, seit den 1950er-Jahren kamen ersatzweise Dieselloks hinzu. Die Schmalspurloks übernahmen alle Transportaufgaben, die mit der – natürlich auch vorhandenen – Normalspurbahn nicht zu bewältigen waren, vor allem in beengten Abteilungen mit engen Kurvenradien. Sie beförderten schwere Stahlteile zwischen den Werksabteilungen, brachten Schlacken zur Halde und Produktionsreste zum Schrott. Erst mit der laufenden Modernisierung des Werkes nach 1945 verringerten sich die Aufgaben der Schmalspurbahn. Neue Betriebsteile wurden nun großzügiger angelegt, sie konnten mit der Normalspurbahn, mit Förderbändern und Krananlagen versorgt werden. 1980 gingen die letzten sieben Dieselloks der Schmalspurbahn noch an die Dortmunder Eisenbahn über, die die Werkbahn der Hoesch AG übernommen hatte. 1983 endete ihr Einsatz. Drei Dampfloks sind als Denkmal erhalten geblieben, leider jedoch keine der Dieselloks.

Einen großen Auftritt hatte die Schmalspurbahn 1927 in dem Hoesch-Film „Kamerad hab acht!“ Der als eindringliche Warnung beabsichtigte Film zeigt den Arbeitstag eines sorglosen Arbeiters, der alle Regeln des Arbeitsschutzes missachtet und mehrmals nur knapp dem Tod entgeht. Immer wieder ist es die Schmalspurbahn, die ihm nach dem Leben zu trachten scheint. Auf Industriefilmtagen wird der Streifen bis heute gern gezeigt und erzeugt regelmäßig große Heiterkeit. Kaum zu glauben, dass der Film ohne den Einsatz eines Stuntman gedreht wurde!

Folgende Seite: Die Momentaufnahme aus dem 1927 gedrehten Film „Kamerad hab acht!“ entstand 1996 aus Anlass der Industriefilmtage Ruhr. Zu sehen ist der tollpatschige neue Mitarbeiter, der mit seiner Glasflasche achtlos unterwegs ist und hier gerade über die Gleise gestolpert ist. Im Film ist die 1899 gebaute Lok 12 (Jung 404) gerade noch rechtzeitig zum Stehen gekommen. (Foto: Hoesch Archiv)

Links: Lok 16 (Jung 2742/1942) ist eine der drei erhalten gebliebenen Lokomotiven, sie steht im Rheinischen Industriebahn-Museum in Köln. (Foto: Wikipedia/Sonntagsmaler)

12

Die letzte Feldbahn im Sauerland

Meyer & Teubner in Drolshagen

In Drolshagen sucht man Schienen heute vergeblich. 1991 wurde die Regelspurstrecke von Olpe nach Bergneustadt eingestellt und abgebaut, die Feldbahn folgte wenige Jahre später. Dabei hatten beide einst in enger Verbindung gestanden. Die 1907 gegründete Firma Meyer & Teubner, ein metallverarbeitender Betrieb und Hersteller von Autoteilen, lag nur wenige hundert Meter vom Bahnhof Drolshagen entfernt. Wegen des Höhenunterschiedes zwischen dem Bahnhof und dem Werk entschied man sich gegen den Bau eines Anschlussgleises, stattdessen sollte eine Feldbahn den Zubringerdienst übernehmen.

Auf dem Bahnhofsgelände entstand eine aufwändige hölzerne Umladehalle, unter der auch nässeempfindliche Rohstoffe und Fertigprodukte auf Regelspurwagen umgeladen werden konnten. Diese Halle war auch in den 1980er-Jahren noch zu bewundern, obwohl die Feldbahn längst nur noch Schrott transportierte, bei dem es auf etwas mehr oder weniger Regen nicht ankam. Der Schrott wurde am Bahnhof gesammelt und dort mit einem Bagger in LKW oder Güterwagen verladen.

Für den Betrieb waren lange Zeit zwei ältere Jung-Maschinen vorhanden. 1976 und 1980 kamen dann zwei größere, gebrauchte DIEMA-Loks (DS 28) nach Drolshagen. Die alten wie die neuen Loks erhielten an beiden Stirnseiten große Stahlplatten, die im harten Fabrikalltag größere Schäden verhindern sollten.

Mitte der 1980er-Jahre endete der Schrottransport zum Bahnhof, für betriebsinterne Zwecke fuhr die Feldbahn allerdings noch bis 1995 weiter. 1999 kaufte das Torfwerk Anton-Günther Meiners die beiden DIEMA-Loks, die in den Werken Westerhorn (Kreis Pinneberg) und Borstel (Kreis Diepholz) zum Einsatz kamen. Die Jung-Loks fanden in Museen ein neues Zuhause. Soweit bekannt war die Bahn von Meyer & Teubner die letzte planmäßig verkehrende Feldbahn im Sauerland.

In den letzten Jahren des Feldbahnbetriebs zum Bahnhof Drolshagen entstanden die Bilder dieser Doppelseite. Oben rangiert DIEMA 2703 (Baujahr 1964, Typ DS 28) im verwinkelten Werksgelände. Die Bilder auf der linken Seite entstanden im Bereich des DB-Bahnhofs, DIEMA 2711 von 1964 (ebenfalls Typ DS 28) verschiebt an diesem Tag mit Schrott beladene Kipploren. Die hölzerne Umladehalle war damals noch vorhanden, wurde aber schon lange nicht mehr genutzt. Diese Seite unten: DIEMA 2711 auf der Verbindungsstrecke zwischen Werk und Bahnhof. Ein Mitarbeiter nutzt die feldbahntypische Mitfahrgelegenheit auf der Pufferbohle. (Großes Foto: Ulrich Völz 1982, kleine Fotos: Jörg Seidel 1984)

Militärische Feldbahnen

Schmalspurbahnen auf dem Truppenübungsplatz Sennelager

Nördlich von Paderborn erstreckt sich zwischen Sennelager, Augustdorf und dem Teutoburger Wald bis heute der größte Truppenübungsplatz Westfalens. Preußische, vor allem berittene Truppen trainierten hier schon seit 1881, ab 1892 entstand ein großer Militärübungsplatz für alle Truppenteile, der bis 1939 mehrfach erweitert wurde. Ganze Dörfer mussten dafür aufgekauft, umgesiedelt und abgerissen werden. Zur Versorgung des Lagers diente vor allem der Bahnhof Sennelager an der Bahnstrecke von Paderborn nach Brackwede.

Ab 1914 wurde innerhalb des Truppenübungsplatzes, etwa fünf Kilometer nördlich des Bahnhofs Sennelager, am Haustenbach das neue Lager „Staumühle" eingerichtet. Zunächst entstand hier ein großes Lager für Kriegsgefangene, ab 1916 erfolgte in Staumühle dann auch die Ausbildung von Infanterie-Regimentern und Offizieren. Um die Versorgung des Lagers Staumühle zu erleichtern, errichtete die Baufirma Henke aus Witten ab Oktober 1914 eine mehr als sechs Kilometer lange Schmalspurbahn mit der Spurweite 600 mm. Von der Baufirma übernahm die Standortverwaltung zwei Dampfloks, weitere lieferte O+K im Jahr 1916. Neben einem Personenwagen waren fünf offene und zwei gedeckte Güterwagen sowie mehr als 30 Kipploren vorhanden.

1921 konnte das Gefangenenlager aufgelöst werden, der Truppenübungsplatz sollte aber – trotz der Beschränkungen des Versailler Vertrags – erhalten bleiben. Zeitweise pachtete der Kreis Paderborn die Gleise und die Fahrzeuge für den Straßenbau in der Senne. Ab 1926 nutzte die Reichswehr die Bahn zum Ausbau des Truppenübungsplatzes wieder selbst und erweiterte das Streckennetz erheblich. 1935 erhielt der Truppenübungsplatz dann endlich ein regelspuriges Anschlussgleis. Da auch der Straßenbau inzwischen weitgehend abgeschlossen war, konnte die Feldbahn bis auf kleine Inselbetriebe abgebaut werden.

Vorige Seite: Karte des Ortes Sennelager (unten) und eines Teiles des Truppenübungsplatzes. Auf der Karte von 1926 ist die Schmalspurbahn neben der Staumühlen-Straße (senkrecht in der Bildmitte) eingezeichnet. Sie beginnt unten am Bahnhof und verzweigt sich oben im Lager Staumühle. Die dicke schwarze Linie kennzeichnet die Gemeindegrenze, sie wurde später von Hand eingezeichnet. Die amtliche Karte 1:25.000 ist etwas verkleinert wiedergegeben, der Abstand der Gitterlinien beträgt 1000 Meter. (Kartensammlung Historische Kommission für Westfalen)

Fotos von der Schmalspurbahn auf dem Truppenübungsplatz Senne sind sehr selten. Besonders wertvoll ist deshalb diese Postkarte aus der Zeit des Ersten Weltkriegs. Sie zeigt eine der von der Baufirma übernommenen Dampfloks und den einzigen Personenwagen der Bahn. Die auf der Postkarte verwendete Bezeichnung „Kleinbahn" ist unzutreffend, denn eine Konzession als öffentliche Eisenbahn nach dem Kleinbahngesetz von 1892 hatte die Bahn selbstverständlich nicht. „Kleinbahn" meint hier offenbar nur „kleine Eisenbahn". (Foto: Sammlung Christian Dahm)

Straßenbau mit Gefangenen

Gefangenenlager bei Minden im Ersten Weltkrieg

Seit August 1914 wurden auch im Bezirk des VII. Armeekorps Kriegsgefangenenlager in kriegsbedingt ungenutzten Militäranlagen angelegt. Die Lager Minden I und II errichtete man auf dem Truppenübungsplatz Minderheide, heute ein Teil von Minden im Nordwesten des Stadtgebietes. Mitte September 1914 kamen die ersten französischen und belgischen Gefangenen an. Zunächst war eine strikte Trennung nach Nationalitäten geplant, die sich aber vor allem wegen der vielen Gefangenen von der Ostfront nicht aufrechterhalten ließ. Ausdrücklich sollten die Gefangenen auch zu gemeinnützigen Arbeiten herangezogen werden, vorgesehen waren Kultivierungs- und Meliorationsarbeiten, außerdem Tätigkeiten im Wasser-, Wege-, Eisenbahn- und Kanalbau. Die Stadtverordnetenversammlung der Stadt Minden beschloss im November 1914 den Bau einer Wasserleitung zum Gefangenenlager Minden auf dem Truppenübungsplatz. In diesem Zusammenhang wurde auch die Hämelstraße ausgebaut, die südlich am Gefangenenlager vorbei führte, damals Teil der Gemeinde Hartum. Beim Bau der Wasserleitung und bei der anschließenden Verbesserung der Straße – mit einer gewalzten Steinlage, Teer war noch nicht üblich – kamen selbstverständlich Feldbahnen zum Einsatz. Lokomotiven sind nicht zu sehen, aber es gab ja genügend Kräfte zum Verschub.

Die Fotos zeigen sehr wahrscheinlich französische Gefangene; wegen der ausgezogenen Uniformjacken lässt sich das nur anhand der wenigen Kopfbedeckungen vermuten. Die Wachmannschaften stellten das 9. und 10. Landsturm-Infanterie-Ersatzbataillon, in denen vor allem ältere Soldaten dienten. Alle haben bei ihren Gewehren das Bajonett („Seitengewehr") aufgesteckt, um sich auch ohne zu schießen Respekt verschaffen zu können. Das Fotografieren von Kriegsgefangenen war zunächst verboten, die Regeln wurden im Frühjahr 1915 aber gelockert.

Beim Straßenbau in Minderheide entstand diese Bilderserie. Die deutschen Bewacher sind an der vollständigen Uniform und am Gewehr leicht zu erkennen, die Gefangenen tragen meist nur ein helles Hemd. (Fotos: Stadtmuseum Minden)

Das grauenvolle Lager

Die Feldbahn zum Kriegsgefangenen-Lager Stukenbrock

In den ersten Monaten des Krieges gegen die Sowjetunion ab Juni 1941 gerieten hunderttausende sowjetischer Soldaten in deutsche Gefangenschaft. Für die Unterbringung waren schon vor Beginn des Feldzugs gesonderte Lager vorbereitet worden. Eines davon sollte in der Senne realisiert werden, die Bezeichnung lautete „Stalag 326 (VI K) Senne", es war vorgesehen als Stammlager für den Wehrkreis VI, zu dem auch das Ruhrgebiet gehörte. Im Stammlager sollten die Gefangenen registriert und auf die Arbeitskommandos verteilt werden. Am 10. Juli 1941 trafen die ersten Gefangenen auf dem Gelände ein, das sich damals innerhalb des 1935 vergrößerten Truppenübungsplatzes Sennelager befand – heute gehört das Gelände zur Stadt Schloß Holte-Stukenbrock. Baracken gab es zunächst nicht, die Gefangenen mussten sich Erdhöhlen graben; die Verpflegung war katastrophal.

Zur Versorgung des Lagers entstand 1942 eine etwa fünf Kilometer lange Feldbahn mit einer Spurweite von 600 mm. Die Strecke begann auf der Ostseite des Bahnhofs Hövelhof, folgte zunächst der heutigen Bielefelder Straße nach Norden, knickte in Höhe des Steinwegs nach Osten ab, überquerte die Ems und lief dann quer über die Felder auf die Nordseite des Lagers zu, wo sich die Werkstätten und Versorgungsbaracken befanden. Für das in Spitzenzeiten mit über 40.000 Menschen belegte Lager wurden in Hövelhof täglich bis zu zwanzig Wagen bereitgestellt – vier davon mit Gütern, der Rest für Gefangene. 1943 stellte der Lagerkommandant (vergeblich) den Antrag zum Bau eines normalspurigen Anschlussgleises. Die großen Transportmengen erklären sich durch die Funktion des Lagers als Umschlagplatz, viele der hier eingelieferten und registrierten Gefangenen wurden umgehend an Arbeitslager weitergeleitet. Nicht arbeitsfähige Personen blieben im Lager, wurden medizinisch aber kaum versorgt. Das ganze Ausmaß des Grauens ist kaum noch nachzuvollziehen. Die Zahl der Todesfälle im Lager wird auf 65.000 geschätzt. Ein großes Friedhofsgelände gehört heute zur Gedenkstätte.

Ab 1946 befand sich im ehemaligen Stalag zunächst ein britisches Internierungslager für Nationalsozialisten. 1948 entstand auf dem Gelände das von der Kirche getragene „Sozialwerk Stukenbrock", in dem Flüchtlinge Aufnahme fanden. Die Schmalspurbahn war für die Zwecke des Sozialwerks noch bis Mitte der 1950er-Jahre in Betrieb. Vermutlich wurden auch einige Feldbahnfahrzeuge aus der Zeit des Stalag weiterverwendet.

Heute befindet sich auf dem Gelände eine Polizeischule des Landes Nordrhein-Westfalen. Eine bislang eher bescheidene Gedenkstätte in einem der wenigen erhaltenen Originalgebäude soll in den nächsten Jahren stark erweitert werden.

Das Streckengleis zwischen Hövelhof und Stukenbrock in der unmittelbaren Nachkriegszeit. (Foto: Sammlung Gerd Plückelmann, sozialwerk-stukenbrock.de)

Von der Feldbahn zwischen dem Bahnhof Hövelhof und dem Lager in Stukenbrock sind aus der Zeit des „Stalag" bislang keine Bilder bekannt geworden. Die hier gezeigten Bilder stammen aus der Nachkriegszeit, als das ehemalige Lagergelände zum „Sozialwerk Stukenbrock" umgestaltet wurde. Im Eingangsbereich des Sozialwerks ist das Gleis gut zu erkennen. Das Bild wurde nachträglich von Hand coloriert. (Foto: Sammlung Gerd Plückelmann, sozialwerk-stukenbrock.de) Unten: 1950 entstanden die Bilder eines frühlingshaft geschmückten Feldbahnzuges in Stukenbrock. Die von O&K gebaute Lok war vermutlich schon während der Stalag-Zeit in Stukenbrock im Einsatz. (Fotos: Gedenkstätte Stalag 326 (VI K) Senne, Konvolut Klaus Streck)

Arbeitsbeschaffung mit Schaufel und Kipplore

Emsregulierungsarbeiten nördlich von Münster 1934/35

Die hohe Arbeitslosigkeit in der Weltwirtschaftskrise ab 1929 förderte auch unkonventionelle Ideen zur Problemlösung. Vom Staat finanzierte Arbeitsbeschaffungsmaßnahmen, bis dahin sehr umstritten, waren ein solcher Ansatz. 1931 richtete die Regierung Brüning den „Freiwilligen Arbeitsdienst" ein, dem Mitte 1932 schon fast 100.000 Menschen angehörten. Seit 1932 förderte die Regierung Papen zudem Arbeitsbeschaffungsmaßnahmen im Rahmen von Notstandsarbeiten. Ab 1933 wurden solche Maßnahmen unter neuen politischen Vorzeichen weitergeführt und ausgebaut, 1935 entstand daraus der militärisch organisierte „Reichs-Arbeitsdienst" (RAD), in dem junge Männer (später auch Frauen) einige Monate Pflichtdienst ableisten mussten.

Wichtig war bei all diesen Einsätzen, dass die Arbeiten zusätzlich zu bestehenden Programmen erfolgten, es also keine Konkurrenz zum regulären Arbeitsmarkt gab; zudem sollten die Arbeiten im Interesse der Allgemeinheit stehen. So kam es zum Ausbau von Gewässern, zum Bau von Parkanlagen oder Kleingärten, zur Kultivierung von Moorflächen („Melioration") oder zum Bau von Verkehrswegen. Die Begradigung von Bächen und Flüssen war ein zentraler Einsatzbereich des RAD und seiner Vorläuferorganisationen. Fotografisch gut dokumentiert ist die Begradigung der Ems nordöstlich von Münster. Die RAD-Männer trennten hier eine lange Schleife der Ems mit einem Durchstich ab und gestalteten das Flussbett für eine optimale Fließgeschwindigkeit um. Schaufeln und Feldbahnen waren die wichtigsten Hilfsmittel für den Gewässerbau – Bagger gab es zwar schon, aber es sollten ja möglichst viele Arbeiter beschäftigt werden. Ironie der Geschichte: Die meisten Maßnahmen zur Gewässerbegradigung wurden inzwischen mit großem Aufwand wieder rückgängig gemacht. Und das nicht nur aus ökologischen Gründen: Auch für den Hochwasserschutz erwiesen sich die kanalartigen Flüsse als Fehler.

Auf vielen Fotos von Baustellen des Reichs-Arbeitsdienstes sind die Arbeiter – nicht nur im Hochsommer – mit bloßem Oberkörper zu sehen. Offenbar ließ man sich gern so fotografieren, passte dieser Aufzug doch gut zur damaligen Vorstellung von harter Arbeit.

Typisch sind auch die mit Abstand aufgestellten Kipploren, so kamen sich die den Loren zugeteilten Arbeiter nicht in die Quere. Das Flussbett wurde bis zur Sohle von Hand ausgehoben, zuletzt im Wasser stehend. (Fotos: LWL-Medienzentrum)

Mit der Feldbahn zur Mühle

Die Bahn des Gutes Havichhorst bei Münster

Die Landwirtschaft ist eigentlich das klassische Einsatzgebiet für die Feldbahn – wie der Name ja schon sagt! In Nord- und Ostdeutschland gab es Feldbahnen in allen Größen – kleine Bahnen mit wenigen Loren für den Verschub auf dem Hof ebenso wie große Netze von fast eisenbahnmäßigen Strecken, die vor allem beim Transport von Zuckerrüben genutzt wurden. In Westfalen und Lippe sind Feldbahnen auf großen oder kleinen Bauernhöfen bzw. Gütern dagegen die seltene Ausnahme. Das Eisenbahnnetz war offenbar dicht genug, die meisten Bauern konnten mit ihren Pferdefuhrwerken den nächsten Bahnhof gut erreichen.

Eine der wenigen Ausnahmen war die Feldbahn des Gutes Havichhorst in der Bauerschaft Sudmühle nördlich von Münster. Ein gleichnamiger Hof wurde 1032 erstmals erwähnt, der erst dem Bischof, dann dem Domkapitel, später dem preußischen Staat gehörte. 1831 kaufte die Familie Hovestadt das Gut mit allem was dazu gehörte, unter anderem mit der an der Werse gelegenen Havichhorster Mühle. Nach dem Ersten Weltkrieg wurde diese Mühle als leistungsfähiger Industriebetrieb neu errichtet. Nun erwies sich die Lage als ungünstig, da nicht nur Korn der umliegenden Bauern gemahlen werden sollte, sondern auch per Bahn angeliefertes Getreide. So entstand in der ersten Hälfte der 1920er-Jahre eine Schmalspurbahn vom Güterbahnhof Sudmühle (an der Strecke Münster–Osnabrück) zur Havichhorster Mühle. Offenbar kam dabei gebrauchtes Fahrzeug- oder Gleismaterial zum Einsatz, anders ist ungewöhnliche Spurweite von 750 mm kaum zu erklären. 1925 lieferte Deutz eine Diesellok vom Typ ML 122 F (Nr. 6810) an den „Guts- und Ziegeleibesitzer“ Theodor Hovestadt.

Wie lange die Bahn Getreide und Mehl transportierte, ist nicht bekannt, nach 1945 war die Bahn aber wohl nicht mehr in Betrieb. Erhalten blieb der Lokschuppen, der einst ohne Weiche direkt auf dem Streckengleis stand. Abgesehen von den fehlenden Gleisen hat er die letzten Jahrzehnte unverändert überstanden.

Ausgangspunkt der Bahn war der Bahnhof Sudmühle (oben), Endpunkt die Havichhorster Mühle (unten). Beide Gebäude haben inzwischen ihre Funktion verloren, sich sonst aber kaum verändert.

Bis auf die Gleise unverändert erhalten ist der Lokschuppen, der mitten auf dem Streckengleis stand. Tore auf beiden Seiten erlaubten die ungehinderte Durchfahrt. Pferdefreunde nutzen ihn heute als Abstellraum. (Fotos: Burkhard Beyer 2019)

Unten: Die Bahn auf einer topographischen Karte der 1920er-Jahre.

Eine wegweisende Anlage

Die Waldbahn(en) im westfälischen Staatsforst Rumbeck

Matthias Lentz

Schon bald nach Erfindung des Decauville-Feldbahnsystems in der zweiten Hälfte der 1870er-Jahre kamen Überlegungen auf, die neue Transporttechnologie über den Bereich der klassischen Landwirtschaft hinaus auch für weitere Anwendungsgebiete nutzbar zu machen. Schnell kam die Forstwirtschaft in den Blick, steht und fällt die Holzgewinnung und Holzvermarktung doch mit den örtlich zur Verfügung stehenden Fördermöglichkeiten. Solange es in den größeren Wäldern noch keine befestigten Wege gab, konnte der Bau von Feldbahnen durchaus eine ernsthafte Alternative für den Abtransport von Baumstämmen sein. Gebaut wurde dann ein Grundnetz fester Strecken, von denen aus bei Bedarf Gleise in die einzelnen Rodungsflächen gelegt werden konnten. Wenn die Berge es zuließen, konnte man die Stämme auch zu Tal rutschen lassen, wo sie dann auf die Feldbahn verladen wurden – von hier ging es zum Sägewerk, zur Papierfabrik oder zum nächsten Bahnhof. Bevor aber der erste Stamm auf der Bahn transportiert werden konnte, musste erst einmal erheblich investiert werden. Waldbahnen sind in Deutschland deshalb nur dort gebaut worden, wo sich entweder große staatliche Forstämter oder die Besitzer umfangreicher Ländereien (wie der Graf im sächsischen Muskau) solche Aufwendungen leisten konnten. Für die vielen kleinen Waldbesitzer im Sauerland waren solche Lösungen schlicht zu groß, sie mussten sich auch weiterhin mit ihren Rücke-Pferden behelfen.

Alles in allem scheint es in Westfalen deshalb nur wenige Beispiele für die Verwendung von Feldbahnen in der Forstwirtschaft gegeben zu haben – zugleich hat Westfalen auf diesem Gebiet aber eine Pionierfunktion wahrgenommen. Die ersten konkreten Anregungen zur Verwendung tragbarer, „leichter" Bahnen beim Transport geschlagener Bäume in größeren Staatswaldungen hat im Königreich Preußen – und damit zugleich im ganzen Deutschen Reich – die Oberförsterei Rumbeck im westfälischen Sauerland gegeben!

Für den Staatsforst Rumbeck – östlich von Arnsberg gelegen – wurden schon in den Jahren 1882/1883 drei Kilometer Feldbahngleise (600 mm Spurweite) mit zunächst vier so genannten „Rollwagen" beschafft. Veranlassung dazu bot, wie ein zeitgenössischer Bericht in klaren Worten festhält, „der gänzliche Mangel von Holzabfuhrwegen in der Richtung thalwärts bei einer größeren Zahl von Schlägen der genannten Oberförsterei". In diesem Zusammenhang wird als besonders bemerkenswert herausgestellt, dass in Rumbeck mit der Einführung von Feldbahnen im Forstwesen „gerade unter den allerschwierigsten Verhältnissen, nämlich im Gebirge und beim Transport bergaufwärts der Anfang gemacht worden ist".

Die Erfahrungen mit der neuen Transportmöglichkeit müssen durchaus positv gewesen sein, und so gingen die Verantwortlichen der Oberförsterei Rumbeck im Frühjahr 1892 die Erweiterung ihres seit einem Jahrzehnt bestehenden Waldeisenbahnbetriebes an. Die zuständige Königliche Regierung in Arnsberg bestellte dazu beim Bochumer Verein für Bergbau und Gußstahlfabrikation, der namentlich durch B. Baare in Berlin vertreten wurde, neues Feldbahnmaterial für den Rumbecker Staatsforst. Im Einzelnen handelte es sich dabei um 800 Meter gerades Gleis, 200 Meter Kurvengleis, eine Gleisbrücke, zwei Kletterweichen, einen Aufladekran mit Flaschenzug für 40 Zentner Belastung, zwei Trucks mit Seitenspindelbremse, zwei Trucks mit Standspindelbremse, vier Drehschemel mit versetzbaren Rungen, zwei Scheitholzaufsätze, eine Rechtsweiche sowie zwei Stahlmuldenkipper mit je einem Kubikmeter Inhalt.

Mit dieser Zusammenstellung war man für alle Herausforderungen des Holztransports bestens gewappnet. Das flexible Gleismaterial, Gleisbrücke und Kletterweichen ermöglichten, die Stellen des Holzeinschlags auch tief im Wald gut zu erreichen. Und der spezielle Kran mit Flaschenzug half beim Aufladen der schweren Holzstämme auf die Trucks (Unterwagen), die zusätzlich bei

Ausschnitt aus der topographischen Karte 1:25.000 Blatt 2583 (später 4515) „Hirschberg", Ausgabe 1894. Das Forsthaus Lattenberg ist unten links zu erkennen, der Ort Rumbeck mit dem gleichnamigen Forsthaus liegt außerhalb der Karte im Ruhrtal östlich von Arnsberg. Von den Feldbahnen ist auf der Karte nichts zu sehen.

Bedarf – mit Drehschemeln versehen – paarweise als Langholz-Transportwagen dienten. Sollte Scheitholz befördert werden, rüstete man zwei Unterwagen einfach mit dem entsprechenden Aufsatz aus, der vier Raummeter in Scheite geschlagenes Brennholz fassen konnte. Der Verschub selbst geschah teilweise händisch durch Forstarbeiter, vor allem aber durch Pferde.

Der Bochumer Verein lieferte alles fristgerecht im Laufe des Monats Mai 1892, und zwar bestimmungsgemäß an die Staatsbahn-Station Oeventrop, von wo aus das gesamte neue Feldbahnmaterial in den Schutzbezirk Lattenberg des Staatsforstes Rumbeck geschafft wurde. Dort waren bereits im März 1892 alte Schienen und Rollwagen vom Distrikt 82 zum Distrikt 84 verlagert worden, ab Mai erfolgte die Anlegung neuer Waldbahnstrecken von 1830 Meter Länge in den Distrikten 86, 88 und 89 (siehe Karte). Die ersteren Distrikte lagen südlich der Straße von Oeventrop nach Hirschberg, die letzteren nördlich davon, alle ungefähr im Bereich „Dicker Berg" und „Großer Berg". Zusätzlich wurde über den Sommer bis in den Herbst 1892 hinein im Bezirk Lattenberg durch den Bauunternehmer Kessler aus Freienohl ein Geräteschuppen eigens für die Waldbahn errichtet. Gleichwohl blieb diese ihrer Natur und den forstlichen Erfordernissen gemäß

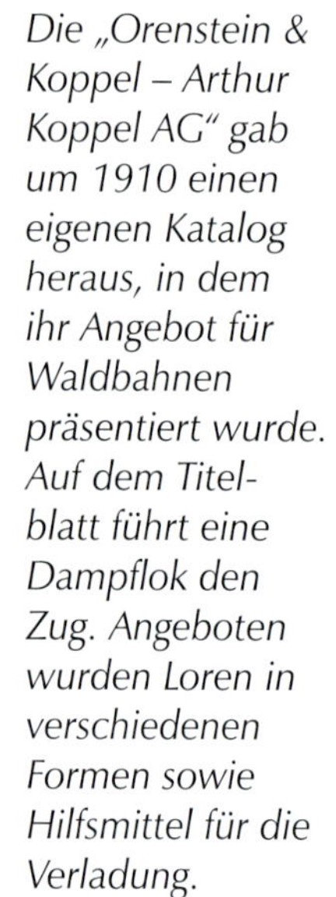

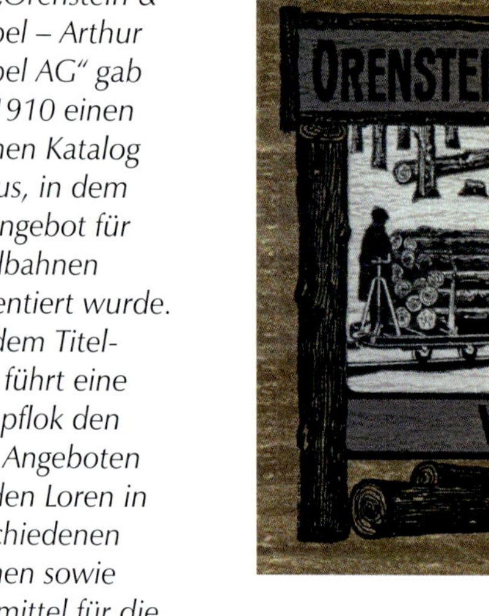

Die „Orenstein & Koppel – Arthur Koppel AG" gab um 1910 einen eigenen Katalog heraus, in dem ihr Angebot für Waldbahnen präsentiert wurde. Auf dem Titelblatt führt eine Dampflok den Zug. Angeboten wurden Loren in verschiedenen Formen sowie Hilfsmittel für die Verladung.

weiterhin leicht transportabel. So findet sich noch für das Etatjahr 1893/1894 der Hinweis auf die Verlagerung der Waldbahn aus dem Schutzbezirk Lattenberg zum Schutzbezirk Giesmecke (nordöstlich von Freienohl gelegen). Das weitere Schicksal der Rumbecker Waldbahnen liegt leider im Dunkeln. Aus dem September 1922 findet sich lediglich die lakonische Notiz, dass in der Försterei Lattenberg noch 75 laufende Meter alter Schienen sowie ein brauchbarer Kippwagen der Waldbahn vorhanden seien.

Das im westfälischen Staatsforst Rumbeck ab dem Jahre 1882 gegebene praktische Beispiel für die zweckmäßige Verwendung von Feldbahnen im Holzeinschlag machte in Preußen rasch Schule. So konnte die preußische Domänen- und Forstverwaltung bereits im Jahre 1888 acht weitere Forstreviere im gesamten Königreich mit zusammen etwa 106 km Feldbahngleis verzeichnen. In Westfalen wird wenig davon zum Einsatz gekommen sein. Immerhin sind aus dem Bereich der lippischen Forstverwaltung spärliche Angaben über den Einsatz verschiedener Gleise und Loren erhalten geblieben.

Auch in Bochum wurde Feldbahnmaterial hergestellt, der „Bochumer Verein für Bergbau und Gußstahlfabrikation“ hatte ein reichhaltiges Angebot. Die Abbildungen auf dieser Seite stammen aus dem etwa 1890 herausgegebenen Katalog für „Feld-, Forst- und Industriebahnen aller Art“. Die Bestellungen aus Rumbeck beziehen sich explizit auf diesen Katalog und die darin genannten Bildnummern.

Bei allen weiteren aus Westfalen überlieferten Hinweisen auf Waldbahnen ist Vorsicht geboten. Zwar findet sich im Landesarchiv Detmold in der Akte „Aufstellung der in den Kreisen vorhandenen schmalspurigen Industrie- und Feldeisenbahnen von mehr als einem Kilometer Länge“ ein Hinweis auf die Feldbahn der „Gräflich von Westphalen'schen Oberförsterei“ in Fürstenberg, heute ein Ortsteil von Bad Wünnenberg. 1932 war die Feldbahn 3000 Meter lang, hatte eine Diesellok und 16 Kipploren. Die Bahn diente aber ausschließlich dem Bau von befestigten Wegen, um die Holzabfuhr zu erleichtern. 1941 wurde mitten im Wald sogar eine eigene Scheune für das Feldbahnmaterial erbaut. 1961 wurde die Feldbahn ein letztes Mal genutzt. Die zuletzt vorhandene O&K-Lok (6939) befindet sich heute bei der Muttenthalbahn.

Oben: „Waldbahnzug (1 Wagen mit Bremse)“ lautet die Beschreibung dieser Zusammenstellung. Ob eine Bremse in hügeligem Gelände ausgereicht hätte, darf bezweifelt werden.
Mitte: „Ein Unterwagen mit Drehschemel aus Stahlguss“.
Unten: „Zwei Unterwagen mit Scheitholzaufsatz, 4 cbm Inhalt“.
(Katalog: Sammlung Matthias Lentz)

Bethel im Norden

Eine außergewöhnliche Feldbahngeschichte

Rüdiger Uffmann

Im industrie- und rohstoffreichen Westfalen gab es zahllose Feldbahnen in allen erdenklichen Bauformen. Echte „Feldbahnen“ – also Landwirtschaftsbahnen – waren jedoch eher selten, sie waren vor allem auf den großen Gütern im Osten Deutschlands zu finden. Reste einer einstmals umfangreichen Landwirtschaftsbahn sind bis heute im Wietingsmoor zwischen Diepholz und Sulingen im südlichen Niedersachsen zu finden. Sie gehören zur Einrichtung „Freistatt“, einer Zweiganstalt der v. Bodelschwinghschen Stiftungen in Bielefeld (siehe unten Seite 54).

1882 gründete Friedrich von Bodelschwingh mit Wilhelmsdorf in der Senne bei Bielefeld die erste Arbeiterkolonie des Deutschen Reiches. Dort sollten Menschen, die den Anforderungen der Industriegesellschaft nicht gewachsen waren, fernab der Versuchungen der Städte ein geordnetes Leben führen können. Wanderarme und entwurzelte Jugendliche erhielten hier Unterkunft, im Gegenzug stellten sie, soweit es ihnen möglich war, ihre Arbeitskraft zur Verfügung.

In den 1890er-Jahren konnte Wilhelmsdorf den Bedarf an Unterbringungsplätzen nicht mehr decken, so dass über neue Standorte nachgedacht wurde. Allerdings erforderten neue Einrichtungen auch weitere Einnahmen, denn die eingeworbenen Spenden und die Erträge aus den Betheler Werkstätten reichten dafür nicht aus. Mit dem Projekt Freistatt, 80 Kilometer nördlich von Bielefeld im Kreis Diepholz gelegen, wandte man sich zeitgemäßer, rationalisierter Landwirtschaft zu. Der Abbau von Torf war als zweites Standbein gedacht, er sollte die Gebäude mit Brennmaterial versorgen und für die Herstellung von Torfbetten für die Bielefelder Zentrale verwendet werden. Weitere Einnahmen versprachen die Jugendheime, die im Auftrag der staatlichen Zwangs- und Fürsorgeerziehung eingerichtet wurden. Sie brachten einen doppelten Vorteil: Der Staat zahlte für die Unterbringung der Jugendlichen, zugleich standen für die Arbeit in der Landwirtschaft und im Moor weitere preisgünstige Arbeitskräfte zur Verfügung.

1899 begannen die Bauarbeiten für den Landwirtschaftsbetrieb, die Holzwerkstatt, den Schlachthof und die Molkerei. Es folgten die Kolonistenhäuser Deckertau, Wegwende und Heimstatt für die Wanderarbeiter, außerdem Wohnungen für die Diakone und deren Familien. Freistatt erhielt einen Konsum, eine Schule, eine Kirche und einen Friedhof. Die vier Erziehungsheime Moorhort, Moorstatt, Moorhof und Moorburg konnten bis 1903 bezogen werden, später kamen noch fünf Häuser dazu. Die Anstalt Freistatt stellte damit die vorgeschriebene kasernierte Unterbringung der Zöglinge sicher, auch die geforderten Arrestzellen wurden eingerichtet. In den Häusern der Moorkolonie lebten anfangs etwa 250 Jugendliche im Alter von 14 bis 21 Jahren, weitere waren bei Familien in der Umgebung untergebracht. Noch eine dritte Gruppe von Bewohnern fand in Freistatt ein Zuhause, die sogenannten Pensionäre. Dies waren alkohol- oder drogenabhängige Männer aus wohlhabenden Familien, die weitab aller Versuchungen in Pensionärshäusern untergebracht waren; zunächst in Freistatt, später vor allem im sechs Kilometer entfernten Heimstatt.

Beim Ausbau der Anstalt Freistatt entstand ein außergewöhnlich umfangreiches Feldbahnsystem. Es bestand genau genommen aus drei ineinander übergehenden Anlagen – je eine für die Landwirtschaft, für den Anstaltsbetrieb und für den Torfabbau. Für einen landwirtschaftlichen Großbetrieb auf unsicherem Moorboden waren Feldbahnen unverzichtbar, alle landwirtschaftlichen Wirtschaftsgebäude waren angebunden. Aus dem Gut heraus führten Stammbahnen aus schwererem Gleismaterial zu den Feldern, zu den Außenstellen, nach Deckertau, nach Heimstatt und ins Moor. Für die Erschließung der landwirtschaftlichen Flächen und für den Torfabbau wurde leichtes, tragbares Gleismaterial von mehreren Kilometern Länge vorgehalten. Der 1923 eröffnete Haltepunkt Freistatt an der Nebenbahn Diepholz–Sulingen wurde 1924 um ein normalspuriges Anschlussgleis erweitert und über eine Feldbahnanlage an die Stammbahn nach Heimstatt angebunden. Dort entstand ein Düngerschuppen, in dem der mit Normalspurwagen angelieferte Kunstdünger gelagert und auf die Feldbahn umgeladen werden konnte.

Für ihre vielfältigen Transportaufgaben erhielt die Landwirtschaftsbahn große, universell einsetzbare Wagen mit zwei Drehgestellen. Befördert wurden Kartoffeln, Zucker- und Futterrüben, aber auch loser Torf. Ein Teil der Landwirtschaftswagen ließ sich zu Personenwagen umrüsten, sowohl für die Fahrt der Arbeiter auf die Felder als auch für Besichtigungsfahrten von Besuchergruppen. Auch kleinere Wagen waren vorhanden. Kipploren brachten den Mist aus den Ställen oder Kunstdünger vom Düngerschuppen auf die landwirtschaftlichen Nutzflächen, auch für Meliorationsarbeiten wurden sie benötigt. Die Torfbahn erhielt zweiachsige hölzerne Torfwagen zum Transport der Torfsoden. Diese Wagen halfen auch bei der Heu- und Strohernte aus, gelegentlich wurden sie durch das Einlegen von Brettern auch als Behelfspersonenwagen verwendet. Die Inbetriebnahme der mechanischen Entladeanlage neben dem Torfwerk 1934 erforderte eine Umrüstung der Holzwagen. Der Holzaufbau wurde durch eine Rahmenkonstruktion aus Metall ersetzt, an die die Seitenwände pendelnd eingehängt waren. Über mechanische Verschlüsse ließen sich die Seitenwände öffnen, ein Kippmechanismus versetzte den Wagen in eine Schräglage und die Torfsoden fielen in einen Auffangtrichter. Das zeitaufwändige Entladen von Hand wurde damit überflüssig.

Zur Anstaltsbahn gehörten gebremste und ungebremste Flachwagen, Wasserwagen und andere sich aus dem Betrieb ergebende Bauformen. Eine Besonderheit waren die gebremsten Flachwagen mit Deichseln zum Einspannen von Hunden als Zugtiere. Die Hundewagen versorgten vor allem die Außenstellen mit eiliger Ladung – Post, Medikamente, Essen aus der Großküche, Milch aus der Molkerei, Waren aus dem Konsum, Gemüse aus der Landwirtschaft. Sonntags nutzen die Kinder aus Heimstatt diese Fahrzeuge für die Fahrt zum Kindergottesdienst in Freistatt. Die Erziehungshäuser besaßen Handhebeldraisinen mit großen Plattformen – in Freistatt „Pumploren“ genannt –, auf denen die Jugendlichen und ihre Betreuer zu den entfernteren Arbeitsstellen gelangten.

Die Gleise insbesondere der Landwirtschaftsbahn waren auf dem Gelände der Anstalt Freistatt allgegenwärtig. Oben ein Ausschnitt aus dem Lageplan mit schwarz hervorgehobenen Feldbahngleisen. Unten: Ochsen zählten in den ersten Jahrzehnten der Bahn zu den wichtigsten Beförderungsmitteln. Im Hintergrund die zu Mieten aufgehäuften Torfballen. (Fotos: Historisches Archiv Bethel)

Betriebsausflug der Zweigeinrichtung Wilhelmsdorf nach Freistatt um 1937, „Fotohalt" in Heimstatt. Um die zahlreichen Teilnehmer in drei Zügen befördern zu können, ergänzten provisorisch zum Personentransport umgerüstete Torfwagen die Landwirtschaftswagen. Beide Bauarten der in Freistatt eingesetzten Landwirtschaftswagen sind auf dem Bild zu erkennen. (Foto: Sammlung Frank Wellenbrink)

Einen Lokschuppen sucht man auf der Karte des „Moorexpress" vor dem Ersten Weltkrieg vergeblich; bewegt wurden die Züge von Ochsengespannen, Pferden und Menschenkraft. 1916 lieferte Deutz eine erste Motorlok, ab 1925 kamen weitere Maschinen von Diema und Schöma hinzu. Lokschuppen und Werkstätten für die Dieselloks wurden neben dem Torfwerk gebaut. 1943 bis 1947 kaufte Freistatt drei Schöma-Loks mit Torfgasgenerator, die sich aber nicht bewährten und zu normalen Dieselloks umgebaut wurden. Bis in die 1960er-Jahre bestand die gesamte Feldbahnstruktur unverändert fort, dann bekam sie im Bereich der Landwirtschaft zunehmend Konkurrenz durch Traktoren. Die Torfbahn blieb bis zur Einstellung des Torfabbaus 1995 in Betrieb.

Eine der typischen „Pumploren" der Anstaltsbahn. (Foto: Historisches Archiv Bethel)

In den 1950er- und 1960er-Jahren galt Freistatt als eine der härtesten Jugendfürsorgeeinrichtungen in der Bundesrepublik. Bis zu 380 Jugendliche waren hier zeitweise untergebracht. Der Schwerpunkt des Einsatzes der „Fürsorgezöglinge" bestand aus der Arbeit im Moor; das war harte körperliche Arbeit, bei jedem Wetter. Mit der grundlegenden Reform der Jugendhilfe wurde die Erziehungsanstalt Anfang der 1970er-Jahre aufgegeben. Nach der Jahrtausendwende geriet das alte System Freistatt immer mehr in die Kritik. Das 2006 erschienene Buch von Peter Wensierski („Schläge im Namen des Herrn", mit einem Beitrag über Freistatt) wirkte schockierend; 2009 wurde eine eigene Dokumentation über die Betheler Einrichtung („Endstation Freistatt") herausgegeben, seitdem wird die schwierige Geschichte der Fürsorgeerziehung offen diskutiert. Für die heute hier lebenden Kinder und Erwachsene ist Freistatt keine Endstation mehr, sondern ein Ort, um neue Lebensperspektiven zu entwickeln.

Nach Aufgabe des Torfwerkes 1995 wurde die Stammbahn von Freistatt-Mitte nach Heimstatt zur Touristikbahn umfunktioniert. Die Fahrgäste kommen in den Genuss der speziellen Gleislage auf dem Moorboden – das Züglein schaukelt gemütlich vor sich hin, dabei bieten sich den Fahrgästen wunderbare Ausblicke in die renaturierten oder gefluteten Moorabbaugebiete sowie die inzwischen dorthin zurückgekehrte Vogelwelt. Die heutige Zuglok (Schöma 1474 von 1953, Typ LO 36) wurde ursprünglich in der Ziegelei Bethel eingesetzt. Reste der Landwirtschafts- und der Anstaltsbahn kann man bei einem Rundgang durch Freistatt auch heute noch immer entdecken. Die Landwirtschaft in Freistatt ist inzwischen verpachtet.

Dank für die Unterstützung an Kerstin Stockhecke vom Historischen Archiv der v. Bodelschwinghschen Stiftungen und an Frank Kruse von der Einrichtung „Bethel im Norden".

Oben: In der Erntezeit wurden die Torfwagen auch für den Transport von Getreidegarben genutzt, der Zug wird gezogen von einer der Schöma-Loks. Unten: Eine der für Freistatt typischen leichten, von Hunden gezogenen Loren, hier für den Milchtransport. (Fotos: Historisches Archiv Bethel)

Die Feldbahn in der Baumschule

Gartenbau Laubner in Gütersloh

Die Verwendung von Feldbahnen in Gartenbaubetrieben ist in Westfalen und Lippe eher selten. Während es etwa im „Alten Land" bei Hamburg viele Betriebe gab, die Gleise in den Feldern hatten und bei anfallenden Transporten flache Loren zwischen die Beete schoben, blieben in Westfalen klassische Handkarren, später kleine Traktoren üblich. Eine – wenn auch späte – Ausnahme stellte der Gartenbau- und Baumschulbetrieb von Frank Laubner in Gütersloh dar. Ab Mitte der 1990er-Jahre errichtete er am Blankenhagener Weg eine Baumschule mit Garten- und Landschaftsbaubetrieb. 2003 konnte der eisenbahnbegeisterte Baumschulbesitzer von einem Torfwerk in Norddeutschland eine Feldbahnlok und diverse Gleise erwerben. Nach und nach erhielten alle Beete und Hallen einen Gleisanschluss, einfache flache Loren dienten dem Transport der Pflanzen und Geräte.

Von Anfang an diente die Bahn nicht nur praktischen Zwecken, mit einem Rundkurs und selbstgebauten Personenwagen waren auch Fahrten für Freunde und Gäste möglich. Die Gartenbaubahn war also von Anfang an auch eine Gartenbahn, der Spaß an der Feldbahn ließ sich mit den Transportaufgaben verbinden. Ab 2008 wurde das Gelände schrittweise zu einem Reiterhof umgebaut, den die Tochter von Frank Laubner betreibt. Zunächst blieben alle Gleise erhalten, wuchsen etwas zu und wurden nur noch gelegentlich befahren. Auf Drängen der für die Aufsicht zuständigen Reitervereinigungen musste die Bahn 2020 dann aber abgebaut werden, alle Gleise und Fahrzeuge wurden verkauft.

Fotos diese Seite: Die aus den Niederlanden stammende SCHÖMA-Lok (Nr. 2071 von 1957) war 2015 mit zwei selbstgebauten Personenwagen noch im Einsatz. Die Lok hatte ursprünglich eine Spurweite von 700 mm und war bei einer Baufirma in Rotterdam im Einsatz. Nach Gütersloh kam sie über das „Decauville Spoorweg Museum" in Harskamp.

Blumentöpfe, Beete mit Folien, Gewächshäuser: Vieles erinnerte 2015 noch an die 2008 geschlossene Baumschule Laubner. Die Gleise erschlossen alle wichtigen Bereiche des Betriebs, so dass die Feldbahn für viele Aufgaben genutzt werden konnte. (Fotos: Burkhard Beyer)

Im Weißen Venn im Münsterland

Die Gräflich Landsberg'sche Torfstreufabrik

Weitläufige Moore und einen intensiven Torfabbau verbindet man heute meist mit Niedersachsen – dort sind Feldbahnen noch immer unverzichtbar, weil der wenig tragfähige Untergrund den Einsatz von Straßenfahrzeugen erschwert. Aber auch in Westfalen gab es mehrere große Moorgebiete, von denen heute jedoch fast nichts mehr zu sehen ist. Eines dieser verschwundenen Moore ist das ehemalige „Weiße Venn", gelegen zwischen Velen in Westen, Coesfeld im Osten, Gescher im Norden und Reken im Süden. Bis ins 19. Jahrhundert führte kein einziger Weg durch das Venn, alle Verbindungen führten außen herum.

Nach der Privatisierung des Moors – also seiner Aufteilung unter den bis dahin gemeinsam Nutzungsberechtigten – gab es ab 1850 erste Pläne zur Entwässerung und zur Umwandlung in Ackerland. Konsequent vorangetrieben wurde dieses Vorhaben aber erst 1906, als sich Graf Friedrich von Landsberg-Velen und der Kaufmann Georg Klasmann aus Dortmund zum Bau einer Torfstreufabrik zusammenschlossen. An westlichen Rand des Venns entstand die Fabrik, die ein vier Kilometer langes Anschlussgleis zum Bahnhof Velen erhielt.

Dem Abbau diente eine Feldbahn mit der sonst eher ungewöhnlichen Spurweite von 900 mm, Klasmann entschied sich später auch bei seinen emsländischen Unternehmungen für diese Spur. Neben der Fabrik entstand eine Siedlung, die zum Kern des heutigen Ortes Hochmoor werden sollte. Schon 1920 übernahm Klasmann das Torfwerk in alleinigen Besitz. 1930 verkaufte Max Graf von Landsberg-Velen seinen gesamten Moorbesitz an eine staatliche Siedlungsgenossenschaft, die Straßen anlegte und das Moor zu Ackerflächen „kultivierte". Als das Ende des Torfabbaus schon absehbar war, kam es im Sommer 1959 zu einem verheerenden Moorbrand. Die Torfstreufabrik musste ihren Betrieb einstellen, da die verbliebenen Abbauflächen zerstört waren. Die letzte Einsatzlok wurde zu anderen Klasmann-Werken versetzt.

Diese Seite: Mitten im Werksgelände der Torfstreufabrik Velen steht 1955 eine SCHÖMA-Lok, wahrscheinlich ist es die 1943 gebaute Nummer 732. Sie besitzt deutlich sichtbar immer noch den Holzgaserzeuger der Firma Zeuch, mit dem sie kriegsbedingt ausgestattet worden war. 1961 wurde sie zum Heseper Torfwerk nach Meppen versetzt, 1971 ging sie an die Klasmann-Werke über und wurde dort später verschrottet.

Vorige Seite: Die Bilder der Entladung lassen gut die Räder der Torfwagen außerhalb des Rahmens erkennen. Verwendet wurden gewöhnliche Feldbahnuntergestelle und Achsen mit der ungewöhnlichen Spurweite von 900 mm. Nicht sehr verbreitet war auch die Entladung an der Kopfseite der Wagen. Schließlich musste dafür jeder Wagen einzeln in die Entladestelle rangiert werden. (Alle Fotos: LWL-Medienzentrum)

Moore im Grenzgebiet

Das Torfwerk Mettingen

Das Vinter Moor, von dem es heute nur noch kleine Reste gibt, war einmal rund 50 Quadratkilometer groß und lag zwischen dem westfälischen Recke und dem niedersächsischen Vinte (heute Gemeinde Neuenkirchen). 1870 wurde der „Bardelgraben" – auch Moorkanal genannt – gebaut, der das Moor entwässerte und langsam trockenlegte. Hatten die Bauern bis dahin Torf nur für den Eigenbedarf abgebaut, entstanden nun die Voraussetzungen für den großflächigen Torfabbau und die anschließende Umwandlung der ausgebeuteten Gebiete in Landwirtschaftsflächen. Im Ersten Weltkrieg entstand mit Hilfe von Kriegsgefangenen ein enges Netz von Entwässerungsgräben, das den industriellen Abbau vorbereitete. Auf niedersächsischer Seite wurde bis 1926 zudem eine neue Siedlung mitten im Moor errichtet (Rothershausen).

Die quer durch das Moor verlaufenden Grenzen führten dazu, dass rings um das Moor gleich mehrere Torfwerke gegründet wurden, die im jeweiligen Gemeindegebiet tätig waren. 1919 entstand im Süden des Moores das Mettinger Torfwerk, das Richtung Nordwesten Gleise ins Moor legte. 1927 lieferte Deutz einen „Gütertriebwagen" vom Typ ML 216 Tr, der einem 7 PS-Motor und eine kleine, vielseitig verwendbare Ladefläche hatte. 1948 und 1952 kaufte das „Mettinger Torfwerk Jos. Veerkamp" noch je eine Lok bei DIEMA und SCHÖMA. 1969 brannte das Torfwerk ab, kam aber noch einmal in Betrieb. 1974 endete der Torfabbau im Mettinger Moor, auf niedersächsischer Seite blieb das Torfwerk Vinte noch bis 1991 – einschließlich Feldbahn – in Betrieb. Auf dem Gebiet der Gemeinde Recke konnte bereits 1971 ein kleiner Rest des Moores unter Schutz gestellt werden, das Naturschutzgebiet „Mettinger Moor" folgte 1986. Seitdem wird versucht, die Entwässerungssysteme zurückzubauen, um wenigstens die letzten Reste des Moores zu erhalten.

Abbildung oben: Das Bild trägt in der Datenbank des LWL-Medienzentrums nur den Hinweis „Torfabbau im Münsterland, ca. 1938". Anhand der gerade noch lesbaren Fabriknummer lässt sich bestimmen, dass es sich um die Bahn im Mettinger Moor handeln muss. Den urigen Gütertriebwagen mit der Fabriknummer 7634 lieferte Deutz im Jahr 1927 an die „Mettinger Torfwerke".

Vorige Seite: In den 1930er-Jahren wurden die leeren Wagen im Vinter Moor absichtlich leicht gekippt, dabei wahrscheinlich mit einer Kette an den Schienen gesichert, dann wurden die Ballen von Hand eingeworfen. In einer Transportkiste mit Tragestangen für zwei Arbeiter wurden die Ballen von den Trockenplätzen zu den Wagen gebracht. (Fotos: LWL-Medienzentrum)

Der elektrische Musterbetrieb

Ein beeindruckendes Werbefoto

Das Foto auf der folgenden Seite zeigt eine gerade fertiggestellte elektrische Feldbahn um 1900 in allen Einzelheiten. Trotz der vielen aufschlussreichen Details, die spätestens in der Vergrößerung zu erkennen sind, gibt das Bild dennoch eine ganze Reihe von Rätseln auf. Auf der Verpackung, in der die Glasplatte von einem Flohmarkt oder aus einer Haushaltsauflösung zu einem Fotohändler kam, war nur der Hinweis „Bokelmann & Kuhlo" zu finden. Damit kann das Bild mit einiger Sicherheit in Westfalen verortet werden, auch wenn der genaue Aufnahmeort unsicher bleibt.

Die Herforder Elektricitäts-Werke Bokelmann & Kuhlo wurden 1892 gegründet. Neben dem Aufbau einer Stromversorgung für die Stadt Herford beschäftigte man sich mit der Herstellung von Elektromotoren für die verschiedensten Anwendungen, darunter auch – und das bis heute – „Sondermotoren" in Kleinserien für spezielle Anwendungen. Überregional bekannt wurde das Unternehmen durch die 1903 erfundenen Läutemotoren, mit denen der Antrieb von Kirchenglocken automatisiert werden konnte, die mühsame Bedienung von Hand mit Seilen entfiel. Glockenmotoren nach Herforder Vorbild sind heute weltweit verbreitet.

In den ersten Jahren nach der Gründung experimentierte das Unternehmen mit den verschiedensten Anwendungen für Elektromotoren. Dazu gehörte auch die Ausstattung von Feldbahnlokomotiven mit einem elektrischen Antrieb. Da eine Lokomotive allein noch keinen Betrieb ausmachte, wurden ganze Anlagen angeboten, einschließlich Stromversorgung und Oberleitung. Aus der Zeit um 1900 sind aus Ostwestfalen mehrere Feldbahnen mit elektrischem Antrieb bekannt, bei denen Bokelmann & Kuhlo vermutlich der Ideengeber war. Neben den weithin bekannten, noch zu behandelnden Dörentruper Sand- und Tonwerken gab es einen elektrischen Betrieb – zumindest zeitweise – auch bei der Ziegelei in Bethel, im Rittergut Rothenhoff bei Costedt, auf Gut Steinlake bei Kirchlengern und in der Ziegelei Dürkopp in Dornberg. Vermutlich ist diese Aufzählung unvollständig. Ob das Foto einen dieser Betriebe zeigt, ist unklar. Sollte dies der Fall sein, kommt am ehesten die Ziegelei Dürkopp in Frage.

Über die technischen Details der Anlage gibt das Foto vergleichsweise genau Auskunft. Das Untergestell der Lok stammt, wie der direkte Vergleich zeigt, nicht von einer Lore, hier wurden ein stärkeres Fahrgestell und größere Räder als Ausgangsmaterial gewählt. Vom Fahrschalter ist nur die Kurbel zu erkennen, hier scheint ein Bauteil eines Straßenbahnherstellers verwendet worden zu sein. Auch der Stromabnehmer, der Schalter auf dem Dach und die Befestigungsklemmen der Oberleitung sind vermutlich zugekauft. Auffällig ist die Holzkonstruktion der Lok. Alle Holzteile sind mit geschnitzten Aussparungen versehen, die nur der Verzierung dienen – der Aufbau erinnert an eine zeitgenössische Gartenlaube. Diese bewusste Gestaltung lässt vermuten, dass es sich bei der Lok um einen Prototypen handelt, der auch optisch Wirkung erzielen sollte. Da alle erkennbaren Betriebsanlagen noch ohne Betriebsspuren sind, wird das sorgfältig arrangierte Werbebild direkt nach der Inbetriebnahme der Ziegelei aufgenommen worden sein.

Der Betriebsablauf der elektrischen Bahn lässt sich gut rekonstruieren. Da die Ausweiche im Hintergrund keine Oberleitung hat, wird die Lok immer auf der gleichen Seite der Loren geblieben sein. Das Gleis rechts führt vermutlich in die Grube; volle Wagen konnten damit gezogen werden, leere wurden geschoben. Das Gleis vorn wird ein Stumpfgleis gewesen sein. Die vollen Loren wurden in die Ausweiche geschoben und einzeln mit dem Seil hochgezogen, die leeren Wagen wurden auf dem anderen Gleis der Ausweiche abgestellt, wo die Lok sie wieder abholen konnte. Auf dem Weg zur Grube wurde jedes Mal ein Schuppen ohne Tore durchfahren, der hoch genug war, um auch die Oberleitung hindurchführen zu können. In diesem „Lokschuppen" wird die Elektrolok nach Feierabend abgestellt worden sein. Die ganze Anlage macht einen durchaus durchdachten Eindruck. Ob sie sich im Alltag bewährt hat, ist leider nicht überliefert.

(Foto: Sammlung Burkhard Beyer)

Ziegel für den guten Zweck

Die Feldbahnen der Ziegeleien in Bethel

Zwischen Bielefeld und Brackwede nehmen die „v. Bodelschwinghschen Stiftungen Bethel“ ein ganzes Tal zwischen den Höhenzügen des Teutoburger Waldes ein. Die vier Stiftungen betreiben hier eine ganze Ortschaft aus Kliniken, Wohnheimen, Werkstätten, Schulen und Sozialeinrichtungen.

2017 blickten die Stiftungen, die in Bielefeld einfach nur „Bethel“ genannt werden, auf eine 150jährige Geschichte zurück. Ein wichtiger Teil der Anstalt waren von Beginn an die Werkstätten. Darin wurden möglichst viele Arbeitsplätze so eingerichtet, dass auch Menschen mit Beeinträchtigungen sie ausfüllen konnten, um möglichst vielen Bewohnern einen Arbeitsplatz vor Ort anbieten zu können. Dabei sollten die Einrichtungen durchaus wirtschaftlich arbeiten und zur wirtschaftlichen Autonomie der Einrichtungen beitragen. Da auf dem Gelände guter Ton vorhanden war, entstand schon vor 1860 am Rande des Anstaltsgeländes eine Ziegelei, die 1879 aufgekauft werden konnte. Eine eigene Ziegelei bot gute Beschäftigungsmöglichkeiten und erleichterte die vielen Neubauten, in der nahen Stadt Bielefeld gab es zudem genügend Nachfrage nach Steinen.

1892 konnte eine zweite Ziegelei erworben werden, die unmittelbar neben der bestehenden lag. Die beiden Ziegeleien I und II blieben dauerhaft getrennt voneinander, da sie unterschiedliche Rohstoffe verarbeiteten. Die Ziegelei I baute südlich des Quellenhofweges vergleichsweise flach ab, die mehr als einen Kilometer lange Feldbahn musste mehrfach den wechselnden Abbaustellen angepasst werden. Die Ziegelei II hatte direkt neben dem Werk eine tiefe Grube mit Schrägaufzug, Loks kamen hier nicht zum Einsatz. 1953 wurden die „Ziegelwerke Bethel GmbH“ gegründet, die bis 1964 auch die Ziegelei Sudbrack in Bielefeld pachteten. 1961 endete der Betrieb in der Ziegelei II, 1968 auch in der Ziegelei I. Nur der Straßenname „An der Tonkuhle“ erinnert heute noch an die frühere Nutzung.

Das große Bild auf der folgenden Seite zeigt die Ziegelei II der „Ziegelwerke Bethel GmbH“ mit der sich unmittelbar anschließenden Grube. Rechts baut der Bagger ab, die Kipploren werden über Drehscheiben zum Schrägaufzug in der Bildmitte geschoben. Links wird die Grube mit Müll wieder verfüllt. Die kleinen Bilder (diese Seite) zeigen die Beladung der Loren. Die Diesellok pendelte bis 1968 zwischen der Ziegelei I und der etwas abseits gelegenen Tongrube III. Bei der Lok handelt es sich vermutlich um die 1948 gebaute SCHÖMA-Nummer 981. (Fotos: Historisches Archiv Bethel)

Aus der Zeit gefallen

Die Ziegelei Müller in Delbrück-Nordhagen

Das Luftbild der Ziegelei Müller aus der Mitte der 1950er-Jahre ist ein echter Glücksfall. Neben dem genauen Gebäudebestand sind auch viele Einzelheiten der Produktionstechnik gut zu erkennen. Bemerkenswert ist der kleine doppelte Kammerofen, erkennbar an den beiden Kaminen, mit denen diese um 1900 erbaute Ziegelei noch bis Mitte der 1960er-Jahre produzierte – und damit wie aus der Zeit gefallen erschien. Irgendwie scheint es sich gerechnet zu haben, denn auch andere Ziegeleien in Delbrück verwendeten solche Öfen noch erstaunlich lange.

Wie auf einer Modellbahn lässt das Luftbild auch die Feldbahnanlage erkennen. Über der Ziegelei ist die Abbaukante zu erkennen – hier entstand keine Grube, der Acker wurde lediglich etwas tiefer gelegt. Im Schatten der Abbaukante verläuft das Feldbahngleis. Zwei Arbeiter schieben gerade eine Lore in Richtung der Weiche ganz links, dort steht eine weitere Lore. Von der Weiche aus läuft das Gleis schräg auf das Maschinenhaus zu, mit einem Schrägaufzug wurden die Loren hochgezogen und im Obergeschoss entladen. Am Fuß des Schrägaufzugs lag die zweite Weiche der Ziegelei, hier konnte die leere Lore zur Seite gestellt werden, um die volle passieren zu lassen. Ein Stapel Gleise liegt neben der zweiten Weiche und wartet auf den Einsatz. Später wurden auch noch Äcker etwas entfernter von der Ziegelei „tiefergelegt", den Transport der Loren übernahmen dann die Pferde der Familie Müller. Zum Kauf einer Lokomotive konnte die Familie sich nicht entschließen. Die vielen Ziegeleien in Delbrück – ungewöhnlich viele für eine vergleichsweise kleine Stadt – arbeiteten eher minimalistisch. Anders hätten sie so lange auch nicht durchhalten können.

Folgende Seite: Die Ziegelei Müller in Delbrück-Nordhagen im Zustand Mitte der 1950er-Jahre. (Foto: Sammlung Hubert Müller)

Diese Seite: Luftbilder von Fabriken gehörten in den 1950er-Jahren zum Angebot verschiedener Firmen, die zunächst vor Ort ihre Dienste anboten, bevor sie ins Flugzeug stiegen. Vermutlich am gleichen Tag entstand auch dieses Bild der Ziegelei Speit am Bahnhof in Delbrück. Die Feldbahn ist schwach zu erkennen (Foto: Sammlung Helga Wilmes)

Eine klassische Ringofenziegelei

Die Ziegelei Eusterbrock in St. Vit

Zu den letzten aktiven Feldbahnen in Westfalen gehörte die der Ziegelei Eusterbrock in St. Vit, seit 1970 ein Ortsteil der Stadt Rheda-Wiedenbrück. Wer die Ziegelei Anfang der 1980er-Jahre betrat, unternahm eine Zeitreise in die 1950er-Jahre. Ein altertümlicher Kettenbagger belud die Feldbahn, eine alte SCHÖMA-Lok schob den Zug zur Entladung. Dort fiel der Ton in eine Presse, die von einem uralten Gasmotor angetrieben wurde, der wie eine Dampfmaschine aussah. An jeder Ecke klapperte und ratterte es, das Dach schien jeden Moment zusammenzufallen. Doch die blanken Schienen und die vollen Trockenschuppen bewiesen, dass hier ein lebendiges Museum in vollem Betrieb war. Für den Feldbahnbetrieb kaufte man 1983 sogar noch eine „neue" Lok, da die Einsatzlok von 1959 einfach nicht mehr weiter wollte. Die Ersatzlok, ebenfalls von SCHÖMA (Fabriknummer 302 aus dem Jahr 1937) kam von der Ziegelei Rehme aus Lemgo und hatte zu dieser Zeit schon mehr als 45 Jahre auf dem Buckel. Zwei Jahre zog und schob sie noch brav die Loren.

1985 endete die Ziegelherstellung endgültig. Der zu befürchtende Abriss unterblieb jedoch, die Familie Eusterbrock hing an ihrer Ziegelei. Seit 1991 steht der Ringofen unter Denkmalschutz, von 1999 und 2005 folgte eine aufwändige Restaurierung des Ofens, seiner Einhausung und des Maschinenhauses. Leider konnten die zahlreichen Trockenschuppen und die Entladeanlage der Feldbahn nicht gerettet werden. Die Feldbahn selbst blieb jedoch erhalten. Zwar ist die alte Grube inzwischen überbaut, aber ersatzweise entstand eine neue Strecke vom Ringofen zum Gartenteich. Die alte Lok von 1959 konnte wieder aufgearbeitet werden, ein Personenwagen entstand als Eigenbau. Nur die letzte Ersatzlok aus Lemgo ist nicht mehr vorhanden. Etwas vorschnell hatte man sie nach der Betriebseinstellung verkauft – was die Eusterbrocks heute sehr bedauern. Aber auch sie ist erhalten geblieben. Aus Privatbesitz gelangte sie 2016 in das an Feldbahnmuseum Wiesloch, von dort an die Stiftung Deutsche Kleinbahnen in Klütz.

Im Juni 1984 entstanden die Bilder dieser Seite. Die SCHÖMA-Lok mit der Fabriknummer 302 (Baujahr 1937) pendelte mit fünf Kipploren zwischen Grube und Entladung.

Vorige Seite oben: Die bis heute vorhandene Schöma 2205 (Baujahr 1959, Typ CDL 20) wartet an einem Sonntag des Jahres 1982 auf ihren nächsten Einsatz. Unten ein Blick in das Maschinenhaus 1984. (Fotos: Christoph und Burkhard Beyer)

Der „Tatzelwurm"

Eine innovative Feldbahn der Weserhütte

Was der Yeti im Himalaya, ist der „Tatzelwurm" in den Alpen – ein Fabelwesen, von dem manche Wanderer felsenfest behaupten, es gesehen zu haben. Eine Mischung zwischen Wurm und Drachen soll er sein, aufrecht gehend und sehr gefährlich. Im übertragenen Sinne bezeichnet man als „Tatzelwurm" lange Brücken, aber auch Fahrzeuge, die aus mehreren Segmenten bestehen und sich auf ungewohnte Weise auf Straße oder Schiene bewegen. Die Weserhütte in Bad Oeynhausen, trotz ihres Namens in erster Linie ein Maschinenbauunternehmen, hat in den 1950er-Jahren ein innovatives Transportsystem entwickelt, das sich ohne Zweifel auf ungewöhnliche Art bewegte. Das Unternehmen hat seine Alternative zur Feldbahn deshalb – ganz unironisch – unter dem Markennamen „Tatzelwurm" angeboten.

Der Oeynhausener Tatzelwurm war eine Weiterentwicklung des „Plattenbandzuges", den das Unternehmen in den 1930er-Jahren entwickelt hatte, eine Art Förderband auf Schienen. Beim Tatzelwurm besaß jedes Fahrzeugsegment eine Mulde, die auf einer Seite angehoben werden konnte; die Entladung konnte automatisch während der Fahrt erfolgen. Der elektrische Antrieb war über den ganzen Zug verteilt, weshalb der „Wurm" auch starke Steigungen bewältigen konnte.

Der Erfolg der Erfindung war begrenzt, nur wenige Betriebe setzten den Zug ein. Eine der wenigen größeren Anlagen wurde in der Ziegelei Heisterholz in Petershagen umgesetzt. Aus zwanzig Segmenten bestanden die Züge hier, die Stromzufuhr erfolgte über eine seitliche Stromschiene. Ein Lokführer war nicht erforderlich. Die starke Steigung zur vergleichsweise hoch gelegenen Entladung wird ein Grund für die Wahl des Systems gewesen sein. Wann genau es eingerichtet wurde, ist nicht bekannt; in Betrieb war es bis Mitte der 1970er-Jahre. Die Ziegelei ist als Teil der Braas-Gruppe bis heute in Betrieb, seit 2014 trägt der Standort Petershagen wieder den Traditionsnamen „Heisterholz". Dagegen musste die Weserhütte 1987 Insolvenz anmelden. Das Werksgelände mitten in der Stadt wurde zugunsten eines Einkaufszentrums geräumt.

Diese Seite: Ein „Tatzelwurm" der Tonindustrie Heisterholz in Petershagen auf der Steigung zur Entladehalle.

Folgende Seite: Die „Loks" 1, 5 und IV im Abbaubereich. An den Mulden sind die seitlichen Rollen gut zu erkennen, mit denen die Behälter während der Fahrt von einer Schiene angehoben und entleert werden konnten. Eine Schütte aus Blechen beförderte den Ton zu beiden Seiten. (Alle Fotos: Dieter Riehemann)

I

5

Die hydraulische Feldbahn

Kerawil Pflasterklinker in Löhne

Rüdiger Uffmann

Im Sommer 1897 ließen zwei Geschäftsleute aus Löhne auf den Ländereien der Familie Schwagmeier einen vergleichsweise großen Ringofen errichten, es entstand die „Dampfziegelei Tonwerk Wilhelmshöhe". Aufgrund wirtschaftlicher Schwierigkeiten der Unternehmensgründer übernahm Friedrich Schwagmeier die Anlagen und setzte die Ziegelproduktion selbst fort. Bis 1960 beschränkte sich der Betrieb auf die frostfreien Monate. Dann ließ Wilfried Schwagmeier eine Trockenanlage einrichten, die einen ganzjährigen Betrieb erlaubte. 1969 wurde der Ringofen durch einen Tunnelofen ersetzt. In den 1980er-Jahren spezialisierte sich das Unternehmen auf die Herstellung hochwertiger Pflasterklinker. Dieser für viele norddeutsche Landschaften prägende Baustoff ist jedoch aus der Mode gekommen, 2019 meldete „Kerawil" Konkurs an. Damit endete die Geschichte der von der Familie Schwagmeier über vier Generationen geführten Firma.

Parallel zum Bau der Ziegelei entstand eine Feldbahnanlage. Einen Schrägaufzug suchte man vergeblich. Die Ziegelei lag auf gleicher Höhe wie der Tonabbau, der sich in einen Hang vorarbeitete; die Kipploren konnten ebenerdig in die Entladung fahren. Eine erste Lok, eine bei Schöma gebaute KDL 6, kam in den 1960er-Jahren. 1970 suchte Kerawil per Anzeige in der Zeitschrift „Steinbruch und Sandgrube" eine gebrauchte Diesellok mit etwa 15 PS. Fast wäre man mit der Grube Unnerwald (Westerwald) der KeramChemie über den Kauf einer Diema DS 20 einig geworden, entschied sich dann aber für die ebenfalls angebotene Hydraulik-Lok Diema DS 30/1. Um deren Kapazitäten besser auszunutzen, beschaffte Kerawil 1971 über Eilers in Hamburg zehn gebrauchte Muldenkipper mit einem (statt 0,75) Kubikmeter Fassungsvermögen.

Zwei Jahre später unterbreitete die Firma Heutz-Homburg aus Belgien ein Angebot über einen gebauchten Diema Großraum

Luftbild des Tonwerks Wilhelmshöhe. Gut zu erkennen die Abbauwand hinter dem Werk. (Foto: Sammlung Rüdiger Uffmann)

Transporter GT 5. Dieser hätte selbstfahrend ohne Lokführer zwischen Abbau und Ziegelei pendeln können. Doch es blieb bei den Lorenzügen. 1978 erhielt Diema den Auftrag, einen fabrikneuen Einseiten-Hydraulik-Kipper HF K 5/6.1 zu liefern. Die DS 30 erhielt eine Erweiterung der Hydraulik zum Anschluss an den Kipper, die eine Auslösung des Kippvorgangs von der Lok aus vorsah. Leider funktionierte die Entladung ohne Absteigen von der Lok nicht, denn der geladene Schieferton haftete so gut an den Wänden des Kippers, dass das Fahrzeug samt Ladung in der Aufbereitung landete. Eine Beschwerde bei Diema endete mit dem Vorschlag, eine Kippsicherung durch Kette vorzusehen. Werksseitig war die Auslösung des Kippvorgangs ausschließlich am Kipper vorgesehen. Also: Absteigen, Sichern und dann erst Kippen!

Oben: Einen trostlosen Anblick bot die technisch so moderne Hydraulik-Diesellok bei einem Besuch im Mai 2012. Lok und Wagen standen schräg und versanken zunehmend im Dreck. (Foto: Christoph Beyer)

Unten: Die frisch geborgene Lok (Diema 2819) und der zugehörige Kipper vom Typ HFK 5/6.1 (Diema 4189) nahmen 2019 an der Feldbahnausstellung im LWL-Industriemuseum Ziegelei Lage teil. (Foto: Burkhard Beyer)

Dieser so rationalisierte Betrieb endete 1989, da die Tongrube an ihre Kapazitätsgrenze gekommen war. Seitdem brachten Lastwagen den Ton von auswärtigen Gruben auf den Hof, von dort transportierte ihn ein Radlader in die Aufbereitung. Das Feldbahngespann wurde auf den Rand geschoben. Anfragen zur Übernahme der Fahrzeuge wurden strikt abgelehnt, da die beiden Fahrzeuge dekorativ auf einen Denkmalsockel kommen sollten – dazu kam es aber nie. Erneute Anfragen zur Ausleihe der Lok für die Feldbahnausstellung in Lage überschnitten sich dann mit dem Konkursverfahren. So kam die Abgabe der Lok an ein Museum dann doch noch zu Stande, die Lok soll von den Feldbahnfreunden Lippe dauerhaft erhalten werden. Im Ziegeleimuseum Lage wird sie zukünftig die letzte Entwicklungsstufe von Feldbahnlokomotiven für Ziegeleien repräsentieren.

Die Feldbahn mit der Weichensteuerung

Ziegelwerke Pasel & Lohmann in Borchen-Alfen

Bis in die 1990er-Jahre fuhr bei den Ziegelwerken Pasel & Lohmann südlich von Paderborn noch eine Feldbahn. Zu dieser Zeit hatten alle anderen Ziegeleien der Region den Transport des Tons von der Grube zum Werk längst auf Lastkraftwagen umgestellt. Die Alfener Ziegelei war technisch jedoch keineswegs rückständig, ganz im Gegenteil – Presse und Ofen entsprachen dem aktuellen Stand. Es gab aber einfach keinen Grund, die Feldbahn abzubauen. Tonabbau und Feldbahn konnten von einer Person gut bewältigt werden, die von der Verarbeitung benötigte Menge an Rohstoffen konnte problemlos angeliefert werden. Mit ein paar Tricks hatte man die Leistungsfähigkeit der Feldbahn zudem angepasst.

Für zügiges Rangieren hatte man sich eine eigenwillige, aber effektive Hilfe gebaut: Eine denkbar einfache Weichensteuerung. Über den Gleisen befanden sich drei wie Tore erscheinende Stahlbügel. Von zwei Toren baumelten große, an Stahlseilen hängende Ringe herab, zwei Rollen am dritten Tor lenkten das Stahlseil nach unten zur Weiche. Bei der Fahrt durch das Tor musste der Lokführer den Ring erwischen und kräftig daran ziehen – schon war die Weiche gestellt. Ein Ziehen am anderen Ring brachte die Weiche wieder in die Ausgangslage. Mehrmaliges Absteigen und Weichenstellen konnte sich der Lokführer damit sparen. Ansonsten war die Gleisanlage auf das Nötigste reduziert, selbst die Reservelok stand außerhalb der Gleise unter einer Plane abgestellt.

Auf Dauer konnte diese einfache und eigentlich rationelle Feldbahn dann aber doch nicht genügen. Ein weiterer Umbau erforderte auch eine ganz neue Materialzufuhr und bedeutete 1992 das Ende der Feldbahn. Alle Fahrzeuge sind bei Museumsfeldbahnen gelandet. Ende 2015 stellte die Ziegelei ihren Betrieb ein.

Die abenteuerliche Weichensteuerung für die Feldbahn der Ziegelei Pasel & Lohmann in Borchen-Alfen. Die Ringe hängen an den hinteren beiden Toren und sind über Stahlseile mit der Weiche im Vordergrund verbunden. Links steht abseits der Gleise unter einer Plane die Reservelok (DIEMA 2261, Baujahr 1959).

Diese Seite: Die Einsatzlok DIEMA 2088 (Baujahr 1957, Typ DS 14) steht 1985 am Fuß des Schrägaufzugs. Die Loren haben aufgeschweißte Bleche, um die Kapazität zu steigern. Vor jeder Fahrt zur Abbaustelle werden einige Schaufeln feine Steinkohle und Sägespäne in die Loren gegeben, die als Zuschlagstoffe für das Brennen der Ziegel dienen. Rechts ist der auf zwei Seiten offene „Lokschuppen" zu erkennen, der im laufenden Betrieb ständig durchfahren wurde. Auf dem Gleis des Lokschuppens wurden die vollen Loren bereitgestellt, auf dem Gleis daneben die leeren Loren gesammelt. Jeweils paarweise wurden die Loren zur Entladung hochgezogen. Die gezeigte Lok kam 1984 von einem Bielefelder Eisenbahnfreund nach Borchen-Alfen, im Tausch gegen die bisherige Reservelok (DIEMA 2422, DL 6). Die bis dahin als Einsatzlok dienende DL 8 (DIEMA 2261) wurde daraufhin zur Reservelok. Die DL 8 wird heute in Bielefeld privat erhalten, die auf dem Bild gezeigte DS 14 in Regensburg. Gebaut worden war sie ursprünglich für den Holzlagerplatz des Papierherstellers Feldmühle in Bielefeld-Hillegossen. (Fotos: Burkhard Beyer)

Die letzte ihrer Art

Die Feldbahn der Dachkeramik Meyer-Holsen GmbH in Hüllhorst

Christoph Beyer

Von den vielen kleinen Ziegeleibetrieben mit eigener Feldbahn ist in Westfalen heute nur die Firma „Dachkeramik Meyer-Holsen“ in Hüllhorst, Ortsteil Holsen, übriggeblieben. Die traditionsreiche Ziegelei besteht seit 1860 und hat sich auf die Herstellung von Dachziegeln spezialisiert.

In Holsen bringt immer noch eine Feldbahn das Material für die Dachziegel ins Werk. Die Strecke besteht heute allerdings nur noch aus einem langen Gleis ohne Weichen, auf dem eine Lok mit fünf Loren hin und her pendelt. Ausgangspunkt der Strecke ist ein Lagerplatz nördlich des Werkes, dort wird das Rohmaterial aus verschiedenen benachbarten Gruben per Lastkraftwagen angeliefert. Hinter dem Lagerplatz führte die Strecke in früheren Jahren einmal weiter in die heute erschöpfte eigene Lehmgrube.

Mit einem Bagger werden die Loren mit schieferhaltigem Ton und Lehmboden im jeweils benötigten Verhältnis beladen und dann über eine kurze Strecke ins Werk gefahren. Dabei wird die Landstraße mit einem Tunnel unterquert, bevor es durch das Werksgelände bis zur Entladestelle geht. Dort werden die Loren ausgekippt, der Lehm wird im Kollergang gleich weiterverarbeitet. Die Betriebsweise klingt altmodisch, entspricht aber genau den Bedürfnissen und den örtlichen Gegebenheiten. Lehmanlieferung und Weiterverarbeitung sind räumlich getrennt. Die Feldbahn liefert die Rohstoffe ohne weitere Verschmutzung und in der gewünschten Mischung bis in das Werk. Da bei Meyer-Holsen offenbar immer ein Besen griffbereit steht, ist selbst die Entladestelle blitzblank sauber – so etwas sucht man in anderen Ziegeleien vergeblich! An manchen Stellen erinnert das Werksgelände eher an einen Park als an eine Ziegelei.

Der verbliebene Feldbahnbetrieb in Holsen ist auf das Notwendige reduziert: Die Strecke besteht aus einem langen, fest verlegten Gleis, auf Weichen konnte verzichtet werden. Die Reservelok steht auf einem kurzen Gleisstück in der Halle. Bei Bedarf wird sie mit einem Gabelstapler nach draußen gefahren und aufs Gleis gesetzt.

Die Feldbahn der Dachkeramik Meyer-Holsen ermöglicht eine klare Trennung von Tonlager und Produktionsstätte. Auf dem Bild oben durchquert DIEMA 2091 (Baujahr 1957, Typ DS 20) das Werksgelände, unten hat sie die Entladestation erreicht. Die Lok wurde 1971 von der Castroper Maschinenziegelei in Castrop-Rauxel erworben.

Vorige Seite links: Feldbahnlokomotiven sieht man eher selten in Zusammenarbeit mit heutigen Baumaschinen. Hier belädt ein aktueller TEREX-Bagger den Zug mit der sicherlich fünf Jahrzehnte älteren Lok.

Rechts: Blick auf den beladenen Feldbahnzug, der sogleich die Landstraße unterqueren wird.
(Alle Fotos: Christoph Beyer 2012)

Besondere Bahnen für besondere Anwendungen

Die Feldbahn der Dörentruper Sand- und Thonwerke

Die Rohstoffvorkommen im lippischen Dörentrup sind eine geologische Besonderheit. Im 19. Jahrhundert wurde hier ein Quarzsand entdeckt, der eine in Europa nur selten anzutreffende Reinheit von mehr als 99 Prozent Siliciumdioxid erreicht. Diesen fast weißen Sand nutzte man zunächst nur im Haushalt, bis man seine besondere Eignung für die Herstellung von Glas, insbesondere für optische Geräte, entdeckte. Über dem Sand lag eine Schicht Lehm, zu deren Nutzung sich der Bau einer Ziegelei anbot. Mehrere Vorgängerbetriebe schlossen sich 1901 zu den „Dörentruper Sand- und Thonwerken GmbH" zusammen, die Sand und Lehm in einem Werk nutzen wollten. In der Nähe fanden sich zudem Vorkommen an Tonsand und Schieferton, für deren Verarbeitung weitere Werksabteilungen entstanden (Dörentrup Feuerfest, Dörentrup Baukeramik). Der hochwertige Sand wurde in großen Mengen gewaschen, teilweise gemahlen und per Bahn verschickt.

Feldbahnen mit Pferdebetrieb gab es in Dörentrup schon vor Gründung der „Sand- und Thonwerke". 1903 entstand eine eigene Stromversorgung, nun konnten die Loren von elektrischen Loks gezogen werden – Dampfloks verboten sich wegen der drohenden Verunreinigung des Sandes. Im Jubiläumsjahr 1926 waren bereits 22 teilweise selbstgebaute Loks vorhanden, die auch einen umfangreichen innerbetrieblichen Verkehr abwickelten. In den 1930er-Jahren kamen mindestens zwölf Loks einer verstärkten Variante hinzu. 1969 musste die Sandgrube wegen Erschöpfung der Vorräte geschlossen werden, die Ziegelei war schon früher aufgegeben worden. Für den Verschub auf dem Gelände waren die markanten Elektroloks noch bis Mitte der 1980er-Jahre im Einsatz. Einige der Werksabteilungen sind unter dem Dach der „CB-Holding" bis heute in Dörentrup aktiv. Mehrere Loks haben bei Museumsbahnen ein neues Zuhause gefunden.

Die fotografische Überlieferung für die Feldbahnen in Dörentrup ist ungewöhnlich gut, denn für die beiden Festschriften zum 25-jährigen Jubiläum 1926 und zum 50-jährigen Jubiläum 1951 ließ das Unternehmen den Betrieb und seine Bahnen in hoher Qualität dokumentieren. Die beiden Bilder dieser Doppelseite zeigen den Blick in eine der Sandgruben. Gut zu erkennen ist der Abbau in mehreren Ebenen und die einfache Oberleitung, die ständig den Gleisen angepasst werden musste. (Fotos: LWL-Medienzentrum)

Im September 1975 war die Feldbahn der „Dörentruper Sand- und Thonwerke" (fast immer mit „Th" geschrieben) zumindest teilweise noch in Betrieb. Lok 32 der verstärkten Bauart hat hier einen Zug mit Sand zur Entladestelle gebracht. Die Bauart des Stromabnehmers erfordert es, ihn beim Befahren einer Weiche gegen den Abzweig kurz zu senken, damit sich die seitliche Abrutschsicherung nicht in der Oberleitung verfängt.

Kurze Zeit später hat dieselbe Lok ein Exemplar der älteren, einfacheren Bauart sowie mehrere Kipploren an den Haken genommen und zur Seite rangiert. Die Unterschiede zwischen den beiden Bauarten sind auf dem Bild gut zu erkennen. (Fotos: Helmut Beyer)

Drei Bilder einer nicht nummerierten Lok der einfachen Bauart. Oben der straßenbahnähnliche Fahrschalter, rechts die Frontalansicht. Unten ein Blick unter das Dach mit Kabeln, einer Sicherung und der unverzichtbaren Kabeltrommel. Letztere ermöglichte das Durchfahren von Abschnitten ohne Oberleitung, insbesondere an Bahnübergängen. (Fotos: Christoph Beyer, Oktober 1985)

Sand in großen Mengen

Die Feldbahn der Warendorfer Hartsteinwerke

Kalksandstein ist – wie der klassische Ziegel – ein künstlicher Stein. Erfunden um 1850 wurde er im 20. Jahrhundert zur großen Konkurrenz für den Ziegel. Kalksandstein besteht zu über 90 Prozent aus Quarzsand, hinzu kommen lediglich Kalk und Wasser. Die gepressten Steine werden unter Druck und Hitze gehärtet, der Energieaufwand dafür ist viel geringer als beim Brennen der Ziegel. Der günstige Stein fand einen so großen Absatz, dass sich viele Sandvorkommen in Westfalen inzwischen in Seen verwandelt haben – zwischen Paderborn und Lippstadt ist eine regelrechte Seenplatte entstanden. Auch im Münsterland sind auf diese Weise zahlreiche Äcker und Wiesen auf Dauer verschwunden.

Die „Warendorfer Hartsteinwerke Schräder & Kottrup" entstanden 1898 und bestehen noch heute. Der Sand kam zunächst mit Pferdewagen ins Werk, auch frühe Motor-Schlepper kamen zum Einsatz. Spätestens in den 1930er-Jahren wurde eine Feldbahn gebaut, 1934 die erste fabrikneue Lok gekauft. Die mehr als einen Kilometer lange Strecke verlief von den Werksanlagen am Münsterweg nach Westen, die Verladestelle lag zentral zwischen den Abbaustellen. Anders als bei den meisten anderen Kalksandsteinwerken blieb die Feldbahn erhalten, als man vom oberflächlichen Abbau mit dem Bagger zur tiefen Gewinnung mit dem Saugbagger unter Wasser überging. Dafür hatte die Feldbahn nun beachtliche Sandmengen zu bewältigen. Noch in den 1980er-Jahren zog die acht Tonnen schwere Diesellok bis zu zwölf Spezialwagen, die jeweils mehrere Tonnen Sand aufnehmen konnten; die Entleerung erfolgte durch Klappen an beiden Seiten. Ende der 1980er-Jahre endete der Bahnbetrieb, die Lok steht heute in Lengerich.

Mit einer schweren SCHÖMA-Lok und bis zu einem Dutzend Seitenkippern konnte die Feldbahn der Warendorfer Hartsteinwerke den Sandbedarf des Kalksandsteinwerkes decken. Diese Seite: SCHÖMA 3268 (aus dem Jahr 1970) schiebt den Zug durch die Entladeanlage. Noch zwei Wagen, dann geht es zurück zur Abbaustelle.

Folgende Seite oben: Genau beobachtet der Lokführer den Beladevorgang. Mit einem Schalter an einem flexibel aufgehängten Kabel kann er die Sandzufuhr selbst steuern. Die kleinen Bilder zeigen den Zug auf der Strecke und die abgestellte Reservelok (SCHÖMA 2582/1962). (Fotos: Rolf Köstner 1983)

SCHOEMA

Eine neue Abbaustelle

Die Sandgrube Senne der Bielefelder Hartsteinwerke

Als die „Bielefelder Hartsteinwerke" 1912 gegründet wurden, hatte sich der heute übliche Begriff „Kalksandstein" noch nicht durchgesetzt – aber genau der sollte hier in großen Mengen hergestellt werden. Der Firmensitz befand sich immer in Brackwede, der Namensteil „Bielefeld" sollte vor allem den gedachten Absatzraum umreißen. Das Stammwerk lag am Rande der Senne zwischen dem kleinen Brackweder Friedhof und dem großen Sennefriedhof, es war bis Mitte der 1980er-Jahre in Betrieb. Auch im Stammwerk kamen Feldbahnen zum Einsatz, die in unmittelbarer Nähe abbaubare Sandmenge war aber begrenzt.

Im Winter 1951/52 konnte etwa vier Kilometer entfernt, ebenfalls am Südhang des Teutoburger Waldes – am Senner Hellweg in der Nähe der Autobahn A 2 –, eine neue Fläche zur Sandabgrabung erschlossen werden. Die fotografisch gut dokumentierte Einrichtung der neuen Abbaustelle begann mit dem Bau eines großen Vorratsbunkers für Sand, der von einer Feldbahn beliefert wurde und aus dem die werkseigenen LKW jederzeit die nötigen Mengen entnehmen konnten. Neben dem Bunker entstanden eine Werkstatt und ein Lokschuppen. Beim Bau der Feldbahnstrecke kam schweres Gerät zum Einsatz, eine Planierraupe stellte die Trasse her.

Auch die in die Senne versetzten Loks waren keine Leichtgewichte, es handelte sich um zwei Deutz-Loks mit jeweils nahezu acht Tonnen Betriebsgewicht (OMZ 122 F, Baujahre 1934 und 1941). Gut zwanzig Jahre zogen die Maschinen die aus Kipploren gebildeten Sandzüge, 1972 endete der Betrieb der Grube. Eine der beiden Loks ist museal erhalten geblieben.

Die drei Bilder dieser Seite stammen aus einem Album der Bielefelder Hartsteinwerke, sie zeigen den Streckenbau in der Senne und die gerade fertige Verladeanlage. (Fotos: Sammlung W. D. Hassler)

Kuppelstange, abgerundete Aufbauten, Bullauge – unverkennbar eine Deutz-Diesellok. Bei der Sandgrube am Senner Hellweg waren Ende der 1960er-Jahre zwei dieser markanten Maschinen im Einsatz. Oben die Deutz-Lok mit der Fabriknummer 46435, geliefert 1941 an die Rheinisch-Westfälischen Kalkwerke AG in Wülfrath. Die Lok wurde nach Abschluss der Förderung verschrottet.

Eine weitere 1968 in der Sandgrube Senne eingesetzte Lok war die Deutz-Maschine 11853 aus dem Jahr 1934, neu geliefert wurde sie an die Bielefelder Hartsteinwerke August Dopheide. 1973 wurde sie an die Dampfkleinbahn Mühlenstroth verkauft (V 12), wo sie optisch umgestaltet wurde. Seit 1997 ist sie leihweise in den Niederlanden unterwegs. (Fotos: Helmut Beyer)

„Jetzt auch Claas-Lokomotivbau?“

Es blieb bei einem Exemplar

Rüdiger Uffmann

Eine Ausgabe der Hausmitteilungen „Der Knoter“ des Landmaschinenherstellers Claas in Harsewinkel präsentierte 1952 Fotos einer werksneuen Feldbahnlok. „Jetzt auch Claas-Lokomotivbau?“ lautete die fragende Überschrift des zugehörigen Beitrags.

Das Fragezeichen klärt sich beim Lesen des dazugehörigen Textes. Die zahlreichen Sanddünen auf dem weitläufigen Firmengelände führten 1937 zum Bau eines Hartsteinwerks. Damit konnten die Steine für die vielfältigen Werkserweiterungen selbst produziert werden, gleichzeitig wurde ein ebenerdiger Baugrund geschaffen. Über viele Jahre schoben die Mitarbeiter des Hartsteinwerkes die vollen Loren von Hand zum Schrägaufzug, wo sie mit einem Seil zur Entladung hinaufgezogen wurden. Bei beladenen Fahrzeugen und besonders in Kurven war das Schwerstarbeit. Außerdem entfernte sich der Eimerkettenbagger immer weiter vom Hartsteinwerk. „Um dieser mühevollen und zeitraubenden Arbeit zu begegnen, entschlossen wir uns kurzerhand zum Bau einer Diesel-Lokomotive in unserem Werk“, so die Hausmitteilung. „Innerhalb weniger Wochen war dann die ‚Claas-Lokomotive‘ fertig (…), die aber wahrscheinlich die erste und die letzte des ‚Claas-Lokomotivbaues‘ sein wird.“ Vor allem die Fürsorge des Arbeitgebers, „jede körperliche Arbeit möglichst von Maschinen ausführen zu lassen“, habe zum Bau der Claas-Feldbahnlokomotive geführt. Hinzu kam vermutlich, dass Loren schiebende Arbeiter offenbar nicht mehr zum Image eines modernen Unternehmens passten.

Etwas ungewöhnlich war die Optik der Maschine, die unter Verwendung eines Lorenrahmens entstand. Der kurze Radstand mit dem nach vorn über den Rahmen hinaus gebauten, wassergekühlten 4-Zylinker-Motor erinnerte an angelsächsische Hersteller. Das war wohl Zufall, denn zum Bau der Lok verwendete man neben dem Lorenrahmen vor allem Teile aus der Landmaschinenproduktion. Da die vollen Loren gezogen, die leeren ausschließlich geschoben werden sollten, konnte einseitig über den Rahmen hinaus gebaut werden. Gekuppelt wurde an dem Ende der Lok, an dem der Lokführer seinen gut gefederten Arbeitsplatz hatte.

1958 waren die letzten Dünen abgebaggert und das Gelände eingeebnet. Das Hartsteinwerk machte einer neuen Werkhalle Platz. Viele der bei Claas hergestellten Kalksandsteine sind bis heute in Häusern in und um Harsewinkel verbaut, die Feldbahn samt Lokomotive hat längst den Weg allen alten Eisens genommen.

Die Inbetriebnahme der ersten und einzigen Feldbahnlok des Landmaschinenherstellers Claas in Harsewinkel war dem Betriebsfotografen 1952 eine ganze Bilderserie wert. Oben die beiden Seitenansichten der eigenwilligen Maschine. Unten die Lok mit ihrem Zug unter dem Bagger, der den Sand hier flach abbaut.

Vorige Seite: Zum Umsetzen musste die nur einseitig kuppelbare Lokomotive stets ein Stück den Schrägaufzug hinauf – der Lokführer hatte sichtlich Spaß an der Vorführung für den Fotografen. (Alle Fotos: Archiv der Firma Claas, Harsewinkel)

„Ein Bauer braucht keine Lokomotive!"

Die Feldbahn des Kieswerks Syring in Paderborn

Zwischen Paderborn und Elsen liegt das flache Tal der Alme, die ein Stück weiter nördlich in die Lippe mündet. In der Almeaue finden sich große Mengen Ton, weshalb hier um 1900 zahlreiche Ziegeleien entstanden. Daneben gab es aber auch Kiesvorkommen, die von den örtlichen Landwirten ausgebeutet wurden.

Während der in Elsen wohnende Bauer und Gastwirt Liborius Fernehomberg für seine Kies-Feldbahn 1937 eine fabrikneue Deutz-Lok beschaffte, entschied sich die benachbarte Familie Syring für die bewährte Pferdekraft. Johannes Syring hatte 1917 den westlich der Alme, knapp nördlich der Bahnstrecke Hamm–Paderborn gelegenen „Almehof" erworben.

Mitte der 1920er-Jahre begann er östlich der Alme mit dem Kiesabbau, vor allem südlich, zeitweise aber auch nördlich der Riemekestraße. Bis 1945 war hier schon eine beachtliche Grube entstanden, die Syring 1946 vergeblich der Stadt Paderborn für die Trümmerbeseitigung anbot. So blieb der Betrieb zunächst erhalten, erhielt sogar eine neue Sortier- und Verladeanlage – aber zum Kauf einer Lokomotive konnte Syring sich nicht entschließen. Schließlich hatte man mehrere Pferde im Stall, die für möglichst viele Arbeiten auf dem Hof genutzt werden sollten. Dabei war die Feldbahnanlage alles andere als klein. Zwei Kettenbagger waren vorhanden, von denen der eine die Schichten über dem Kies, der andere den eigentlichen Kies abbaute. Zu jedem Bagger gehörte ein eigener Gleisstrang. Die Kipploren mit dem Material aus den oberen Schichten fuhren nach Süden, um die Abbaustelle herum und füllten die Grube von Westen wieder auf, die Kipploren mit Kies fuhren nach Norden zur Sortieranlage. Drei bis vier Loren konnten die Pferde ziehen.

1965 musste die Kiesgrube geschlossen werden, da die Anlagen veraltet waren und die Konkurrenz der Großbetriebe aus den Nachbargemeinden übermächtig wurde. Die Grube diente zunächst als Müllhalde, heute steht hier das „Bürozentrum Almepark". Die ehemaligen nördlichen Abbaufelder hat die Firma Nixdorf erworben und überbaut.

Oben: Blick von der Sortieranlage auf den Schrägaufzug, die Ausweiche am Fuß des Schrägaufzugs mit je einem vollen und einem leeren Lorenzug sowie einem wartenden Pferd, die beiden Kettenbagger und ihre jeweiligen Gleisstränge. Links steht ein zweites Pferd für den nächsten Einsatz bereit. Im Hintergrund ist ein Zug auf der Hauptstrecke Paderborn–Lippstadt zu erkennen.

Unten: Ein Lorenzug in der Ausweiche unterhalb des Schrägaufzugs, im Vordergrund das Geschirr für das Pferd. Die erste Lore ist mit einer Handbremse versehen, da das Pferd den Zug nicht zum Stehen bringen konnte. Im Hintergrund sind die beiden Bagger und die Eisenbahnbrücke zu erkennen.

Vorige Seite links: Blick von Süden auf den Kiesabbau und die beiden Bagger. Rechts: Die Sortieranlage mit dem Schrägaufzug, dahinter die Verladeanlage. Gerade werden drei Loren hochgezogen. (Fotos: Familie Syring)

Elektrisch durch Geseke

Die Feldbahn des Zementwerks „Meteor“

Allein mit den Schmalspurbahnen der westfälischen Zementindustrie ließe sich ein eigenes Buch füllen! Mit Lengerich, Beckum/Ennigerloh, Erwitte, Geseke, Paderborn und Büren hat Westfalen gleich ein halbes Dutzend bedeutende Zementreviere zu bieten, hinzu kommen noch diverse Einzelstandorte und die großen Kalkwerke im Sauerland. An einigen Standorten wurde schon seit Jahrhunderten Kalk abgebaut, aber erst im Eisenbahnzeitalter entstanden aus den kleinen Kalkbrennereien, die für den lokalen Bedarf produzierten, größere Betriebe. Industrielle Kalk- und Zementwerke waren schon wegen der Kohleversorgung auf einen Gleisanschluss angewiesen.

Sehr schön zeigt sich das in Geseke. Dort kam die Zementindustrie erst richtig in Schwung, als die 1900 eröffnete Nebenbahn nach Büren die Kalkvorkommen im Süden der Stadt erschloss, wenige Jahre später lagen rund ein Dutzend Zementwerke wie die Perlen einer Kette rechts und links der Bahn. Nur ein Werk hatte vorher schon versucht, in Geseke im großen Stil Kalk zu brennen: die 1892 gegründeten „Geseker Kalkwerke“, die sich ab 1900 „Meteor AG“ nannten. Das Werk lang nordwestlich der Stadt an der Hauptstrecke Hamm–Paderborn, also weit entfernt von den Kalksteinvorkommen im Süden von Geseke.

So entstand eine mehr als fünf Kilometer lange Schmalspurbahn, die westlich an der Altstadt vorbeiführte, den Hellweg kreuzte und den Steinbruch an der heutigen Bürener Straße erreichte. Als Antrieb entschied man sich für eine elektrische Bahn mit Oberleitung, die Lokomotiven lieferte Siemens & Halske aus München. Die im Frühjahr 1900 eröffnete Bahn war damals so außergewöhnlich, dass der Werksfotograf anreiste und eine Reihe aufwändiger, sorgsam inszenierter Bilder anfertigte. 1923 verlängerte man die „Meteor-Bahn“ um fast zwei Kilometer bis zum Steinbruch des Werkes „Lothringen“, auf dem neuen Abschnitt (mit Unterquerung der Eisenbahn) kamen aber Dampfloks zum Einsatz. In der Weltwirtschaftskrise musste das Zementwerk 1930 schließen, die Bahn wurde abgebaut.

Für den Fotografen der Firma Siemens & Halske hat sich der Lokführer der Meteor-Bahn in Geseke 1900 in Schale geschmissen: Eine dunkle Jacke, weißes Hemd, Fliege und ein Strohhut sind zu erkennen. So wird er im Alltag nicht gefahren sein! Die sehr gleichmäßig beladenen, frisch lackierten Loren lassen ebenfalls erahnen, dass der Alltagsbetrieb auf der Bahn gerade erst begonnen hat. Auf dem Bild links überquert der Zug gerade die wichtigste Straße Gesekes, die heutige Bundestraße 1. (Fotos: Siemens Archiv)

Eine Heeresfeldbahnlok als Bastelmaterial

Die Feldbahn des Zementwerks Gebr. Gröne in Geseke

Die „Westdeutschen Portland-Zement und Kalkwerke Gebr. Gröne“ gehörten zu den eher kleineren Werken im Geseker Zementrevier. Wie ausgerechnet die Firma Gröne an so eine große Schmalspurlok kam, ist ein wohl nicht mehr zu lösendes Rätsel. Die Heeresfeldbahnen spielten im Zweiten Weltkrieg – ganz anders als im Ersten Weltkrieg – nur eine untergeordnete Rolle, ein Großteil des dafür produzierten Materials befand sich bei Kriegsende auf Lagerplätzen insbesondere in Süddeutschland. Darunter befanden sich auch zahlreiche Exemplare einer Schlepptenderlok mit drei Achsen, deren Spurweite nach Bedarf auf 600 oder 750 Millimeter eingerichtet werden konnte. Von dieser Bauart HF 110 C hatte die Wehrmacht etwa 130 Stück herstellen lassen. Eine davon, die 1943 gebaute Henschel 25361, gelangte – auf welchem Weg auch immer – 1948 nach Geseke. Mitte der 1950er-Jahre war die Lok, wie ein Foto belegt, im Steinbruch im Einsatz. Für die kurze Pendelstrecke konnte auf den Schlepptender verzichtet werden, der Wasser- und Kohlenvorrat auf der Lok reichte völlig aus. Bis 1959 war die Lok im Einsatz, dann endete der Feldbahneinsatz bei der Firma Gröne – die meisten Nachbarwerke hatten den Schienenbetreib in den Steinbrüchen zu dieser Zeit bereits beendet.

Kurios ist die Nachgeschichte der Heeresfeldbahnlok in Geseke. 1962 entschied die Firma Gröne, sich selbst eine Lokomotive für den Verschub auf dem regelspurigen Anschlussgleis zu bauen; selbst gebraucht war damals offenbar keine Lok zu einem vertretbaren Preis zu haben. Als Vorbild diente eine ältere Windhoff-Lok, für die offenbar noch Ersatzteile (Achslager, Räder) vorhanden waren. Als Fahrerkabine wurde das Führerhaus der Heeresfeldbahnlok wiederverwendet, was der Lok zusammen mit ihrem langen Überhang nach vorn ein sehr eigenwilliges Aussehen gab. Die „Bastellok“ war noch bis Ende der 1980er-Jahre im Einsatz, der Verbleib ist unbekannt. Das Werk ist inzwischen vollständig abgerissen.

Die urige, selbstgebaute Regelspurlok war 1988 im Werk Gröne noch im Einsatz. (Foto: Burkhard Beyer)

Aus welchem Anlass der Geseker Fotograf Günter Schraub Ende der 1950er-Jahre die Genehmigung erhielt, im Steinbruch die Kalksteinverladung zu fotografieren, ist nicht bekannt. Vielleicht wurde er gebeten, die Schmalspurbahn vor der bevorstehenden Abstellung noch einmal zu dokumentieren. Die alte Heeresfeldbahnlok (Henschel 25361 von 1943) stand für ihn sicher nicht im Mittelpunkt, sonst hätte er sie nicht angeschnitten. Auf den sonst bei diesen Loks üblichen Schlepptender zur Vergrößerung der Reichweite konnte man im Steinbruch problemlos verzichten. (Foto: Günther Schraub, Sammlung Burkhard Beyer)

Mit Dampf bergauf

Das Kalkwerk Müller in Künsebeck

Neben den großen Zementwerken gibt es in Westfalen bis heute eine Reihe kleiner Betriebe, die in Schachtöfen traditionellen Kalk brennen. Gebrannter Kalk wird bis heute als Dünger, für Kalksandsteine und in der chemischen Industrie verwendet, er lässt sich aber nicht zu Beton verarbeiten.

Das zwischen Bielefeld und Halle gelegene Künsebeck war Standort gleich mehrerer solcher Kalkwerke. Das größte davon war das Kalkwerk Heinrich Müller, 1912 aus der 1880 gegründeten Firma Windmöller hervorgegangen. Schon die Vorgängerfirma hatte zwei Ringöfen am Bahnhof und zwei Schachtöfen im Steinbruch errichtet. Zwischen dem Bruch und den verschiedenen Öfen verkehrte schon vor 1900 eine von Pferden gezogene Feldbahn, 1916 wurde die erste Dampflok erworben. Vom Betriebsteil am Bahnhof bis zum Bruch war eine durchgehende Steigung zu bewältigen, aber zum Glück mussten bergauf nur leere Kipploren befördert werden. Spektakulär war die Bahn gleichwohl, denn im Streckendienst kamen vor langen Zügen bis zum Schluss nur Dampfloks zum Einsatz – die einzige Diesellok rangierte im Steinbruch.

Weithin bekannt war die Bahn schon deshalb, weil sie auf halber Strecke die Bundesstraße 68 kreuzte, die nur mit einer Fahne gesichert überquert wurde. Diese Kreuzung war dann auch der Anlass für die Einstellung des Bahnbetriebs. Ende 1967 war die Straßenbauverwaltung nicht mehr bereit, die Sondergenehmigung für die ungesicherte Kreuzung zu verlängern, eine Lichtzeichenanlage war den Kalkwerken aber zu teuer. Ohnehin planten die Kalkwerke sich aus dem Ort zurückzuziehen und den Betrieb ganz in den Steinbruch zu verlagern, wo 1961 ein moderner Schachtofen erbaut worden war. Die zuletzt vier vorhandenen Dampfloks standen ab 1968 noch einige Jahre abgestellt, eine konnte vom Eisenbahnmuseum Bochum-Dahlhausen dauerhaft erhalten werden. Das Kalkwerk besteht bis heute, die Vorräte reichen voraussichtlich noch bis 2032.

Der Feldbahnbetrieb in Künsebeck bot den Fotografen eine Vielzahl an Motiven. Die Impressionen dieser Seite zeigen die 1935 von Orenstein & Koppel gebaute Lok 12677, die Bilder entstanden im Februar 1966. (Fotos: Helmut Beyer)

Am zentralen Schornstein und an den Dächern, die den Ofen weit überragen, sind die beiden Ringöfen leicht zu erkennen. Alle Seiten des Ofens waren mit Gleisen erschlossen, so dass sich die ungebrannten Kalksteine möglichst nah an den jeweils zu füllenden Ofenabschnitt bringen ließen. Links ist eine Verladerampe zu sehen, hier wurde gebrannter Kalk wieder in Kipploren verladen.

Das Bild dieser Seite zeigt die gleiche Lok an einer anderen Position im Werksgelände. Es handelt sich um die heute in Bochum erhaltene O&K-Maschine, gebaut 1918 mit der Nummer 7610.

Gut zu erkennen die schwere Ausführung der Gleisanlagen und die aufwändige Ausführung der Weichensteuerung. Die hellen Loren dienen nur dem Kalktransport. (Fotos: Erhard Beyer, Januar 1967)

Elektrisch mit und ohne Gleise

Experimente der Kalkwerke Grevenbrück

Die von Max Schiemann im sächsischen Wurzen gegründete „Gesellschaft für gleislose Bahnen“ war ein Pionier auf dem Gebiet der Oberleitungs-Straßenfahrzeuge. 1901 nahm die erste Strecke im sächsischen Königstein den Betrieb auf („Bielathal-Motorbahn“), sie diente sowohl dem Personen- als auch dem Güterverkehr. Zwei Jahre später wurde als zweite Bahn nach diesem System die „Kalkbahn Grevenbrück“ eröffnet. Die eineinhalb Kilometer lange Strecke führte vom Bahnhof Grevenbrück zu einem Steinbruch. Zum Einsatz kam ein elektrisches Schleppfahrzeug mit einem oder zwei Anhängern. Das Fahrzeug hatte – wie damals bei Lastkraftwagen üblich – Speichenräder mit einer Gummiauflage. Der Führerstand war in der Mitte angeordnet, das Fahrzeug erinnerte damit optisch an eine zeitgenössische Elektrolokomotive. Die Stromzufuhr erfolgte über eine zweipolige Oberleitung, dementsprechend verfügte der Wagen über zwei Stromabnehmer. In Grevenbrück traf die Kalkbahn auf die von 1904 bis 1916 betriebene, ebenfalls gleislose „Veischedetalbahn“ (Grevenbrück–Kirchveischede), die betrieblich aber unabhängig war.

Die „gleislose Bahn“ hat sich in Grevenbrück als kurze Episode herausgestellt. Schon 1907 war der Steinbruch erschöpft, der Abbau musste an eine andere Stelle verlagert werden. Auf den aufwändigen Umbau der gleislosen Anlage verzichtete man allerdings, da seit 1905 bereits eine ergänzende Feldbahn vorhanden war, die sich ganz offensichtlich besser bewährte. Den einmal angefangenen elektrischen Betrieb wollte man allerdings nicht wieder aufgeben. Und so wurde im gleichen Jahr von der AEG mit der Fabriknummer 260 eine elektrische Feldbahnlok für eine Spurweise von 600 Millimeter geliefert. Der mechanische Teil scheint von Dolberg gefertigt worden zu sein, denn auch in der Referenzliste dieses Herstellers wird diese Maschine aufgeführt. Als Besonderheit der Lok sind die beiden Stangenstromabnehmer zu nennen, denn wegen des zeitweise parallelen Betriebs der beiden Systeme wurde auch die Feldbahn mit einer zweipoligen Fahrleitung ausgerüstet – das Foto im Dollberg-Katalog zeigt diese Konstruktion ganz eindeutig.

Auf Dauer scheint sich die Konstruktion nicht besonders bewährt zu haben. Zumindest entschied man sich bei steigendem Verkehrsaufkommen 1912 und 1914 dann doch für den Kauf konventioneller, zweiachsiger Feldbahndampfloks mit einer Leistung von 40 PS (O&K, Fabriknummern 5123 und 6764). Ab 1936 wurden dann auch Dieselloks beschafft. Ob die elektrische Bahn zu dieser Zeit noch in Betrieb war, ist nicht bekannt. Die Kalkwerke produzieren bis heute.

Die AEG/Dolberg-Lok in einem Katalog der Firma Dolberg. (Foto: Sammlung Wolfgang-D. Richter)

Der Anlass für dieses Foto waren vermutlich Gleisbauarbeiten, zumindest lassen sich hinter den Arbeitern Gleis- und Weichenteile erkennen. Die Postkarte ist 1913 in Grevenbrück abgestempelt, links müsste demnach die 1912 gebaute O&K-Lok 5123 zu sehen sein. Rechts ist die doppelte Fahrleitung und vermutlich auch der Lokschuppen (vergleiche oben S. 52) zu erkennen. Vom doppelten Stromabnehmer ist nur die gemeinsame Halterung auf dem Dach zu erkennen. (Foto: Sammlung Burkhard Beyer)

Die letzte Feldbahn im Münsterland

Kalkbrennerei Baumberge in Billerbeck

Die Streckenlänge betrug zuletzt keine zehn Meter mehr, aber die Feldbahn war dennoch unverzichtbar. Bis zum November 2018 brannte Franz Mesenbrock mit seinen Söhnen Dominik und Tobias in den Baumbergen Kalk nach traditioneller Art und Weise. Und um den Kalk in den Ofen zu bekommen, mussten die Steine zunächst in eine Lore geladen, eine Rampe hinaufgezogen und dann vor dem Ofen ausgekippt werden. Natürlich hätte man auch eine moderne Förderanlage einbauen können, aber an Veränderungen hatte hier niemand Interesse. 2008 pachtete Mesenbrock das 1925 erbaute Kalkwerk – so wie es war – von den Söhnen des verstorbenen Josef Meyer, der das Kalkwerk zuletzt betrieben hatte. Nachfrage nach dem auf altertümliche Weise gebrannten Kalk gab es weiterhin, vor allem in der Denkmalpflege.

Die Kunden interessierten sich aber nicht nur für den Kalk, sondern auch für die Anlage. So wurde aus dem Kalkwerk ein lebendiges Industriemuseum mit Besichtigungsmöglichkeit – und die Lorenbahn gehörte einfach dazu. Das Kalkwerk besteht aus einem einzigen Gebäude. Auf der der Straße zugewandten Seite wurde die Kohle offen vor der Außenwand gelagert. Auf der Rückseite des Gebäudes beginnt eine Rampe, die bis in den zugehörigen Steinbruch hinabführt und rund hundert Meter weiter vor einer kleinen Abbauwand endet. Das Gleis liegt noch heute bis in die Grube, es ist aber seit Jahren ungenutzt und zugewachsen. Da Mesenbrock auch Erdarbeiten anbietet, hat er einen kleinen Bagger hier stationiert und damit die Betriebsstrecke der einzigen Lore stark beschränkt. Eine Lok hat es auf dieser Feldbahn natürlich niemals gegeben – das Gleis führt schnurgerade in den Steinbruch, eine Seilwinde war als Antrieb deshalb immer ausreichend. 2019 ist das Kalkwerk unter Denkmalschutz gestellt worden, da der Eigentümer nach der Betriebseinstellung den Abriss plante. Die Zukunft des kleinen Kalkwerks ist ungewiss. Ob die Lore noch einmal in Betrieb kommt, bleibt abzuwarten.

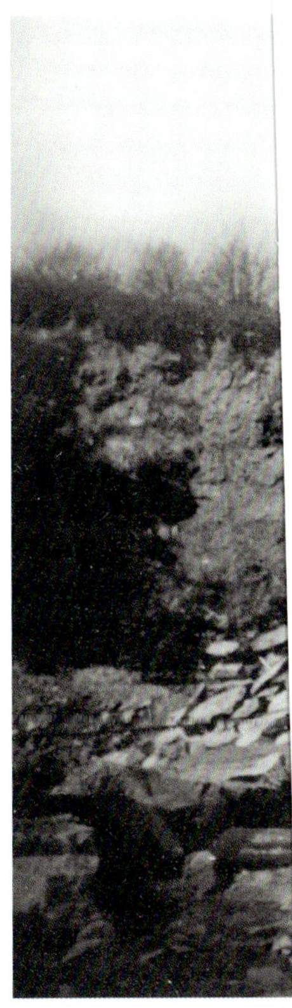

Oben: Der Steinbruc
1935, hinten die Stei
vor seiner Werkstatt.
Museum. (Fotos: Bau

Vorige Seite: Eine Lore
seum in Havixbeck, u
gen. Die glatten Radsc
eingegossener Inschrif
im sächsischen Freibe
Bergbau hergestellte R
nicht mehr zu klären.

Diese Seite: Die einzige Lore der Kalkbrennerei in Billerbeck an ihrem überdachten Stammplatz, zugleich die Entladestelle der nur wenige Meter langen Feldbahn. Ganz rechts ist die Seilwinde am Gleisende gut zu erkennen.

Vorige Seite: Eine architektonische Schönheit ist das Kalkwerk auf den Baumbergen sicherlich nicht, zu viele Umbauten haben ihre Spuren hinterlassen. Technisch ist es aber immer noch ein intakter Betrieb mit einem traditionellen, kohlegefeuerten Schachtofen. (Fotos: Burkhard Beyer 2013 und 2015)

Alle Bahnen führen zum Bahnhof

Feldbahnen in der Anröchter Steinindustrie

Am südlichen Rand der münsterländischen Tiefebene tritt auf halber Höhe des Haarstrangs ein auffallend grün gefärbter Stein zutage. Das Vorkommen zieht sich von Werl über Soest und Anröchte bis Berge. Seit dem Mittelalter wird der Stein genutzt, die markanten grünlichen Kirchen in Soest sind bis heute eindrucksvolle Zeugnisse dafür. In Anröchte und seinen Ortsteilen Klieve und Berge wird der Stein bis heute in großen Mengen gewonnen, auch wenn heute niemand mehr daraus Häuser baut – beliebt ist der Stein vor allem für den Innenausbau, für Treppen, Fußböden und Wandverkleidungen. In Soest und Anröchte gibt es jeweils ein „Gründsandsteinmuseum“, auch wenn der Stein – genau wie der Baumberger – alles andere als ein Sandstein ist. Zwischenzeitlich wurde er als „Anröchter Dolomit“ beworben, aber das war geologisch noch unzutreffender. Tatsächlich handelt es sich schlicht um einen vergleichsweise harten Kalkstein, der durch das Mineral Glaukonit grün gefärbt ist. Er ist für den Steinmetz sehr gut zu verarbeiten, aber leider nicht sehr witterungsbeständig – wie die Soester Baumeister leidvoll erfahren mussten.

Eine überregionale Bedeutung erhielt der Anröchter Stein erst nach Eröffnung der Bahnstrecke Lippstadt–Warstein 1883. Zunächst hatten die Steinbruchbesitzer gegen die Bahn geklagt, begriffen dann aber doch die neuen Absatzmöglichkeiten. Neben grob behauenen Steinen für Mauern und Wege wurden auch fertige Steinmetzarbeiten in Serie geliefert – Treppenstufen, Türschwellen, Viehtröge und vieles mehr. Fast alle Verarbeitungsbetriebe lagen in der Nähe des Bahnhofs. Jeder dieser Betriebe hatte nicht nur eine eigene Feldbahnstrecke zum Bahnhof, sondern dort auch ein eigenes Ladegleis. Auch in den Brüchen kamen Feldbahnen zum Einsatz, hier aber vor allem zum Abtransport des Abraums. In den 1970er-Jahren stellten die letzten Unternehmen den Feldbahnbetrieb ein, da er den wachsenden Dimensionen nicht mehr entsprach. Als Abraumbehälter werden die Kipploren, ihrer Räder beraubt, zum Teil bis heute verwendet.

Links: Die Steinerzeugung und Verladung war der Gemeinde auch eine Postkarte wert, die unter anderem eine Deutz-Lokomotive mit Kipploren zeigt. (Sammlung Burkhard Beyer)

Folgende Seite: Blick in einen Steinbruch 1954. Gut zu erkennen ist der Abbau auf verschiedenen Ebenen. Oben werden mit Lastwagen und einem lokbespannten Kipplorenzug die oberen Schichten abgetragen, die nur bedingt verwertbar sind. Der eigentliche Grünsandstein wird in der Bildmitte abgebaut. Möglichst große Blöcke werden aus der Schicht herausgelöst, mit einer Winde zum Dreibaum geschleift, dort angehoben und auf einen Flachwagen abgesetzt. Kleinere Sandsteinstücke werden mit der Lore abgefahren. (Foto: LWL-Medienzentrum)

Neue Verkehrswege für das Delbrücker Land

Baustellenfotos aus dem Atelier Kuper in Rietberg

Das Atelier Kuper in Rietberg war eigentlich nichts Besonderes. Der 1866 in Rietberg geborene Josef Kuper errichtete 1891 in seiner Heimatstadt ein Fotoatelier, das er mindestens bis 1904 betrieb. Nach vielen Besitzerwechseln schloss das Geschäft 1999. Besonders war, dass Teile der originalen Einrichtung und fast 2500 Glasplatten erhalten blieben, die 2000 vom Freilichtmuseum Detmold übernommen wurden. Seither wird bei vielen historischen Bildern darauf geachtet, ob sich auf der Rückseite möglicherweise ein Hinweis auf Josef Kuper findet, um dessen Wirkungskreis und seine Arbeitstechnik besser kennen zu lernen.

Kuper fotografierte alles, wofür seine Kunden zahlten – etwas anderes blieb ihm in der Kleinstadt auch gar nicht übrig. Vor allem waren das Porträtbilder und Personengruppen, teils in seinem Atelier, teils in der Landschaft. Bei entsprechenden Aufträgen bereiste Kuper aber auch das angrenzende Delbrücker Land und nahm dort die gewünschten Motive auf. Zwei dieser Bilder zeigen den Bau von Verkehrswegen mit Hilfe von Feldbahnen. Das eine Bild zeigt den Bau des Einschnitts bei Delbrück für die Strecke Wiedenbrück–Sennelager, das andere den Chausseebau in Westenholz, heute ein Ortsteil von Delbrück. Welche Baufirmen hier tätig waren, ist nicht bekannt – nach den Vermerken auf der Rückseite haben die Vorarbeiter oder die Gemeindeverwaltung die Bilder in Auftrag gegeben. Bemerkenswert ist die Gegenüberstellung von Dampflok und Pferdegespann bei den beiden Kipplorenzügen in Westenholz. Die beiden Verkehrsmittel scheinen sich sinnvoll ergänzt zu haben. Nicht nur hier wurden beide Antriebsformen jahrzehntelang nebeneinander genutzt.

Linke Seite: „Zur Erinnerung an den Bahnbau = Delbrück" steht auf dem Gruppenfoto, das am 29. August 1901 aufgenommen wurde. Zu sehen sind die Bauarbeiter zusammen mit ihren Vorarbeitern, die das Bild vermutlich auch bestellt hatten. Westlich von Delbrück waren einige Erdarbeiten für einen Einschnitt zu bewältigen. (Foto: LWL-Freilichtmuseum Detmold)

Diese Seite: Hier sind die Arbeiter nur im Hintergrund zu sehen, zwischen den beiden Feldbahnzügen hat in Westenholz die örtliche Prominenz Aufstellung genommen. Der eine Zug ist mit einer Lok bespannt, der andere mit Pferden. Neben dem Schutzmann zu Pferde ist eine Leiter zu sehen, die wohl seinem Aufstieg diente. (Foto: Sammlung Heimatverein Westenholz)

Herausforderung Möhnetalsperre

Liesenhoff aus Dortmund erhielt den Großauftrag

Wichtigste Aufgabe des 1899 gegründeten „Ruhrtalsperrenvereins" – heute Ruhrverband – war die Sicherung der Wasserversorgung für das Ruhrgebiet. Mehrere Talsperren im Sauerland sollten das Wasser im Winter zurückhalten, um es im Sommer dosiert abgeben zu können. Das aus dem Ufer der Ruhr gewonnene Trinkwasser sollte damit ganzjährig in ausreichender Menge verfügbar sein. Das erste große Projekt des Vereins war der Bau der Möhnetalsperre, die zwischen 1908 und 1912 errichtet wurde. Den Auftrag zum Bau der für die Verhältnisse der Zeit gigantischen Staumauer sicherte sich die Baufirma Liesenhoff aus Dortmund, die ab 1908 bei Maffei und Hanomag Feldbahndampfloks für die Baustelle kaufte.

Die 650 Meter lange und 40 Meter hohe Sperrmauer wurde massiv aus Bruchsteinen gemauert, Beton oder gar Ziegel kamen nicht zum Einsatz. Die Steine lieferten die damals noch schmalspurigen Ruhr-Lippe-Kleinbahnen, die 1908 eine Zweigstrecke von Niederense nach Günne mit einem Anschlussgleis zur Baustelle errichteten. Im gleichen Jahr entstand von Hüsten aus ein drei Kilometer langes Anschlussgleis zum kreiseigenen Steinbruch in Müschede. Jahrelang lieferte die Kleinbahn gebrochene Steine in großen Mengen, das Baustellenbild von 1910 zeigt die Entladestelle mit mehreren offenen Wagen im Hintergrund. Von hier aus wurden die Steine in Kipploren auf der ganzen Baustelle verteilt. Abenteuerlich anmutende Holzkonstruktionen waren nötig, um alle Teile der Baustelle erreichen und mit der zunehmenden Höhe Schritt halten zu können. Teilweise zogen Lokomobilen die Loren über die Steigungen, später war ein Aufzug für die Loren erforderlich. Die Baustelle und ihr Gewimmel waren eine echte Touristenattraktion, wie die fein gekleideten Personen auf dem Bild erkennen lassen. Postkarten hielten den Baufortschritt fest. Spätere Talsperren des Ruhrverbandes übertrafen das Stauvolumen des Möhnesees zwar deutlich, das markante Bauwerk im Möhnetal blieb jedoch die bekannteste Talsperre Deutschlands.

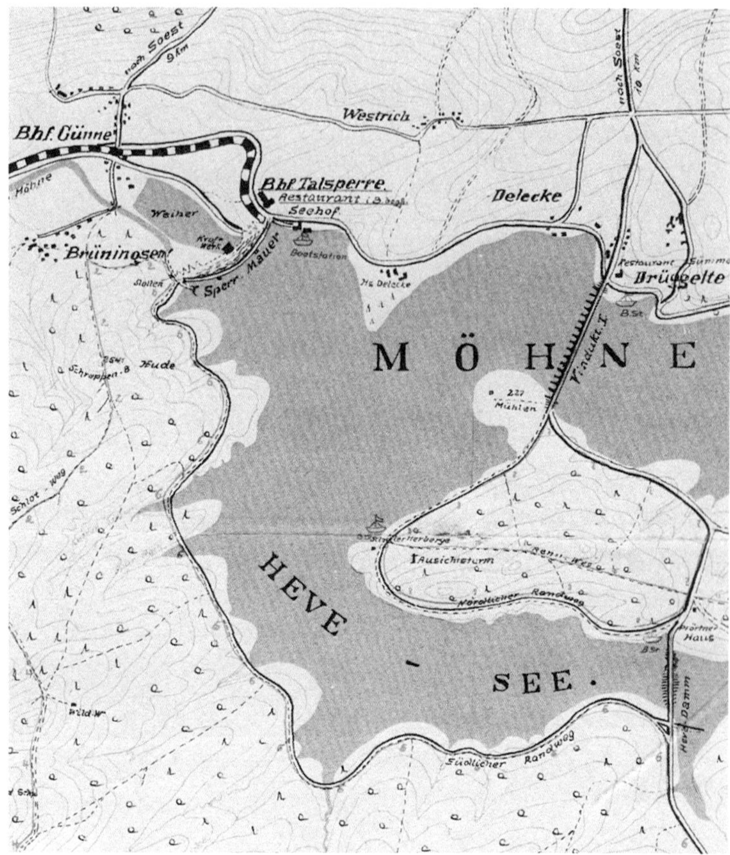

Das Baustellenbild vom Juli 1910 zeigt zwei Personengruppen. Links unten sitzen Arbeiter und nehmen ihr Mittagessen ein, das offenbar mit dem Pferdewagen der Brauerei Lohöfer aus Bad Sassendorf angeliefert worden ist. Rechts stehen Damen und Herren in feiner Kleidung und bewundern die Baustelle, die im Hintergrund zu sehen ist. Der gebogene Grundriss der Staumauer ist bereits gut zu erkennen, ebenso eine Vielzahl von Feldbahngleisen und Feldbahnwagen. (Foto: Archiv Ruhrverband)

Möhnetalsperre. Stand der Bauarbeiten am 9. Juli 1910.

30.9.7.10.

Großeinsatz beim Autobahnbau

Feldbahnen am Herforder Berg

Einen regelrechten Großeinsatz an Feldbahnen löste der Autobahnbau in den 1930er-Jahren aus. Die schon in den 1920er-Jahren entwickelte, kreuzungsfreie Kraftfahrstraße erklärten die Nationalsozialisten zu ihrer Erfindung, ihr Bau war eine willkommene Arbeitsbeschaffungsmaßnahme. 1934 begannen die Arbeiten an der zentralen Strecke vom Ruhrgebiet nach Berlin (heute A 2), 1936 wurden die ersten Abschnitte im Raum Hannover freigegeben. 1938 kam die Strecke von Düsseldorf bis Herford hinzu. Deutlich länger dauerte der sich anschließende Abschnitt bis Bad Nenndorf, der wegen der Überquerung des Wesergebirges einige Schwierigkeiten verursachte. Die Trasse sollte möglichst wenige Kurven und nur geringe Steigungen aufweisen, was nur mit aufwändigen Dämmen und Einschnitten zu erreichen war. Die daraus folgenden erheblichen Erdbewegungen waren nach dem damaligen Stand der Technik nur mit Feldbahnen zu bewältigen. Lange Züge und starke Dampfloks waren nötig, um das Material von den Einschnitten zu den oft mehrere Kilometer entfernt liegenden Dammbaustellen zu bringen.

Die Bauarbeiten an den Autobahnen waren in Lose eingeteilt, für die verschiedene Baufirmen den Zuschlag bekamen. Die anspruchsvolle Querung des Herforder Berges war Aufgabe der Firma Schöttle & Schuster. Die Ursprünge des Unternehmens lagen in Stuttgart, der Firmensitz befand sich später aber in Berlin. Schöttle & Schuster verfügte über einen großen Park an Dampfloks der Spurweiten 810 und 900 mm, mit denen man auch im Braunkohleabbau tätig war. Für das Vorhaben Herforder Berg wurden zwei Umladestellen zur Eisenbahn geschaffen – eine an der Kreuzung der künftigen Autobahn mit der Bahnstrecke Herford–Detmold, eine weitere an der Salzufler Straße, hier kreuzte die neue Trasse die meterspurige Herforder Kleinbahn. Ende 1939 konnte der Abschnitt von Bad Salzuflen bis nach Bad Nenndorf zumindest provisorisch – teilweise nur einspurig – freigegeben werden. Bei den Bauarbeiten entstand eine eindrucksvolle Bildserie.

Bei den Bauarbeiten der Firma Schöttle & Schuster am Herforder Berg entstanden die Bilder dieser und der folgenden Doppelseite. Der Fotograf hat sich dabei offenbar nicht für die Gesamtansicht der Baustelle interessiert, sondern eher für Details, die ihm besonders ausdrucksstark erschienen. In der Summe geben die Bilder dennoch einen guten Eindruck von den Dimensionen der Baustelle wieder. Ob die Parteiabzeichen extra für den Fotografen am Wasserkasten der beiden schweren 900 mm-Loks angebracht wurden? (Alle Fotos: Kommunalarchiv Herford)

Oben links und unten: Zwei weitere Bilder von den dampfgeführten Abraumzügen der Firma Schöttle & Schuster am Herforder Berg. Es waren mindestens zwei Züge mit vier Loks im Einsatz. Oben rechts ein schienengestützter Pflug, der zum Verteilen des Abraums diente. Im Hintergrund ist die bereits in den Wald geschlagene Schneise für den sich anschließenden Bau des Einschnitts zu sehen.

Auch bei der Fertigung der Fahrbahn kamen am Herforder Berg Feldbahnen zum Einsatz – diese aber offenkundig mit der kleineren Spurweite von 600 mm. Oben stehen mehrere Loren neben einem Materiallager, in dem vermutlich auch die Baustoffe für die Fahrbahn gelagert, gemischt und abgefüllt wurden. Unten hat eine Deutz-Diesellok einen Kipplorenzug mit Baustoffen zu einer der Fertigungsmaschinen für den Bau der Fahrbahn gebracht.

Lange Züge für große Erdarbeiten

Bau der „Zweiten Fahrt“ am Kanal in Münster

Das große Bild vom Bau der „Zweiten Fahrt“ auf der folgenden Seite entstand im Sommer 1951. Aufgenommen wurde es im damals noch selbständigen Hiltrup, heute ein Stadtteil von Münster. Der lange Zug mit der Feldbahnlok gehörte damals schon einer vor dem Ende stehenden Epoche an, denn in den 1950er-Jahren eroberten Lastkraftwagen innerhalb weniger Jahre die großen und kleinen Baustellen. Die zweiachsige Dampflok mit ihren zehn sichtbaren und wahrscheinlich noch einmal so vielen unsichtbaren Kipploren bringt Bodenaushub von einem Teil der Baustelle zum anderen – von dem Teil, an dem noch abgebaggert wird, zu dem Teil, wo die neuen Dämme aufgeschüttet werden. Auch der Fotograf fand die Lok offenbar bemerkenswert, im Fotolabor hat er deshalb etwas nachgeholfen und die im Schatten liegenden Konturen der Maschine vorsichtig nachgezeichnet.

Aber warum wurde hier überhaupt so aufwendig gebaut? Der 1899 eröffnete Dortmund-Ems-Kanal hatte sich schon nach wenigen Jahren als zu klein erwiesen. Teilweise konnte der Querschnitt durch den Einbau von Spundwänden vergrößert werden, einige Abschnitte waren wegen zu enger Kurven oder einer Dammlage aber neu zu errichten. 1937 wurde in Olfen der erste parallel zum Kanal neu gebaute Abschnitt eröffnet. Die weiteren, längst fertig geplanten Abschnitte kamen erst nach dem Krieg zustande. 1951 war die „Zweite Fahrt“ in Hiltrup an der Reihe, um eine viel zu enge Kurve zu entschärfen. Auf dem Bild ist im Hintergrund schon die neue Straßenbrücke für die B 54 zu sehen, der Fotograf steht vermutlich mit dem Rücken zur neuen Brücke für die Bahnstrecke von Hamm nach Münster. Der Kanal ist, soweit erkennbar, fast fertig, die Böschungen aus Bruchsteinen sind fertig aufgeschüttet. Vielleicht war das Bild also wirklich als Abschiedsfoto gedacht! Inzwischen sind die Brücken und die Böschungen auf diesem Abschnitt schon wieder Geschichte, der Kanal wird aktuell erneut ausgebaut und für größere Schiffe erweitert.

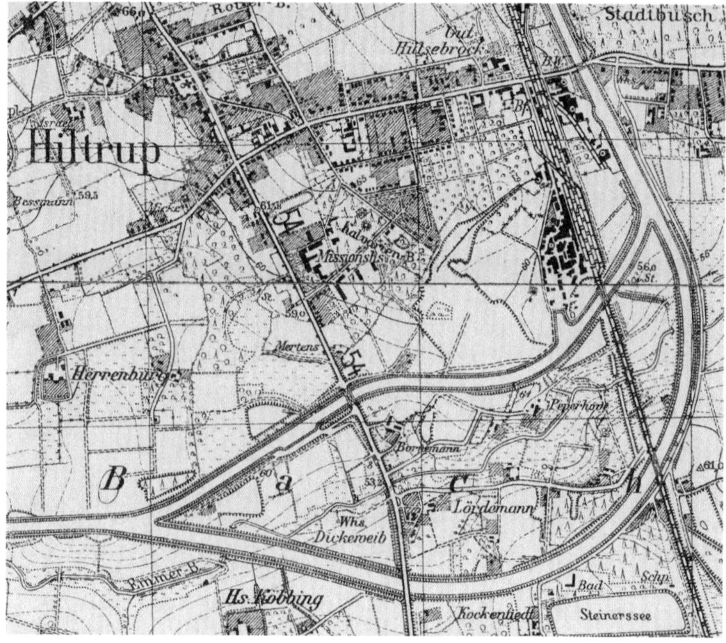

Foto vorhergehende Seite oben: Auch auf dem Wasser dampfte es Anfang der 1950er-Jahre noch regelmäßig. Nördlich von Münster ist dieser Schleppverband in Richtung Süden unterwegs.

Die Karte (vorhergehende Seite unten) zeigt die beiden Trassen des Kanals mit den jeweiligen Straßen- und Eisenbahnbrücken (1953).

Foto oben: Eine unbekannte Feldbahnlok einer nicht näher bekannten Baufirma fährt mit einem langen Kipplorenzug entlang der „Zweiten Fahrt“ in Hiltrup. Die Lok fährt in Richtung Münster. Das Kanalbett ist dem Anschein nach fast fertig gestellt, die Bauarbeiten gehen dem Ende entgehen. Im Hintergrund die heutige „Westfalenstraße“, die B 54 von Münster nach Dortmund. (Beide Fotos: Bildarchiv der Bundesanstalt für Wasserbau)

Herausforderung Wasserbau

Die Regulierung der Else in Bünde

Arbeiten an einem Flussbett waren immer ein Problem, bevor moderne Spezialbagger diese Aufgabe übernehmen konnten. Die sonst so sicher tragenden leichten Gleise der Feldbahn konnten in Ufernähe ins Rutschen geraten, eine tonnenschwere Lok schon einmal im Wasser landen. Gleichzeitig war aber jeder Kubikmeter, der mit Kipploren aus dem Flussbett geholt werden konnte, eine echte Erleichterung. Alle anderen Arten, am Ufer oder gar im Wasser Boden auszuheben, waren ungleich aufwendiger. So wundert es auf den zweiten Blick dann doch nicht, dass sich bei der Flussregulierung 1926/27 in Bünde der Zug mit seinen neun Loren so weit auf die Rampe gewagt hat. Noch scheint die Lok sicher zu stehen, und noch scheint die Steigung mit neun vollen Wagen so gerade eben zu bewältigen zu sein. Mit dem gewonnen Material wurden einige hundert Meter weiter Dämme aufgeschüttet.

Die Bilder dieser Doppelseite entstanden vermutlich am gleichen Tag, mutmaßlich ist auch die gleiche Lok zu sehen. Die von Henschel hergestellte Maschine gehört zum Typ „Danzig", von 1910 bis 1934 wurden mehr als 150 davon hergestellt – meist auf Vorrat. Abnehmer waren häufig Zwischenhändler, die Namen der Endkunden sind leider nicht immer überliefert. (Fotos: Museum Bünde)

Für die Stadt Bünde war der Ausbau der Else im unmittelbaren Stadtgebiet ein Fortschritt. Mit dem Ausbau einher ging die Fertigstellung der Kanalisation, die Verbesserung des Hochwasserschutzes und die Schaffung neuer Bauplätze im Uferbereich – die Siedlung rückte an den Fluss heran. Viele dieser „Verbesserungen" waren mit Nachteilen verbunden, die damals unerkannt blieben und inzwischen aufwendige Renaturierungen zur Folge hatten.

Kipploren im Dienste der Archäologie

Die Ausgrabungen an den Externsteinen 1934/35

Die Externsteine, eine beeindruckende Felsengruppe im Teutoburger Wald bei Horn-Bad Meinberg, kennt in Lippe jedes Kind. Überregional ist die Bekanntheit sehr unterschiedlich – je nachdem, in welchen Kreisen man sich bewegt. Unbestritten sind die Externsteine ein bedeutendes Kulturdenkmal, denn seit dem Mittelalter befindet sich hier eine Kapelle, zu der eines der bedeutendsten romanischen Kunstwerke gehört, das berühmte Kreuzabnahmerelief. Anfang des 20. Jahrhunderts wurden dann völkisch orientierte Germanenforscher auf das Naturdenkmal aufmerksam. Sie suchten nach Spuren der „germanischen Hochkultur", die ihrer Ansicht nach von den Christen vernichtet worden war. Ein Zentralheiligtum dieser germanischen Epoche, so die Behauptung, waren die Externsteine. Die amtliche Archäologie in Westfalen und Lippe wollte davon nichts wissen, aber seit 1933 gab es für diese fragwürdige Deutung amtliche Unterstützung. So fanden 1934 und 1935 umfangreiche Grabungen an den Externsteinen statt, für die größere Erdbewegungen nötig waren. Die Reste einer 1660 vor den Externsteinen erbauten Festungslange mussten beseitigt werden, weil man darunter echt germanisches vermutete. Dabei kamen zahlreiche Mitglieder des Reichsarbeitsdienstes und – wie konnte es anders sein – eine Feldbahn mit von Hand geschobenen Kipploren zum Einsatz. Die Grabung ist ein weiteres Beispiel dafür, wie universell das Transportsystem Feldbahn war, das bei vielen archäologischen Erkundungen zum Einsatz kam. Und das Ergebnis der Grabungen? Eindeutige Funde wurden

nicht gemacht, durcheinanderliegende Steine mit viel Phantasie als Trümmer eines Altars gedeutet. In den Kreisen der unbelehrbaren Germanenfreunde glaubt man jedoch bis heute, das damals bedeutende Funde geborgen wurden, die zur Täuschung der Öffentlichkeit von der Archäologie heute aber „versteckt“ werden …

Mit typischem Gerät – Schaufel und Kipplore – tragen Mitglieder des Reich-Arbeitsdienstes die Erde vor den Externsteinen ab und beseitigen dabei auch die Reste der Festungsanlage von 1660. Besondere archäologische Sorgfalt ist bei diesen Arbeiten nicht zu erkennen. (Fotos: Landesarchiv NRW, Abteilung Ostwestfalen-Lippe, D 75 Nr. 13078 und D 107 P Nr. 95)

Mit der Feldbahn durchs Schloss

Die Trümmerbahn in Münster

Am Ende des Zweiten Weltkriegs lagen alle westfälischen Großstädte in Schutt und Asche. Während man es in Kleinstädten den Hausbesitzern meist selbst überließ, die Trümmer wegzuräumen, musste in größeren Städten eine zentrale Räumung organisiert werden, wollte man in vertretbarer Zeit den nötigen Freiraum für den Wiederaufbau gewinnen. Die legendäre Trümmerfrau spielte dabei – zumindest in Westfalen – kaum eine Rolle. Sie war zwar ein beliebtes Fotomotiv, hätte die anstehenden Mengen aber niemals bewältigen können. Stattdessen waren es die großen Baufirmen, die bis zum Kriegsende Bunker und Bollwerke gebaut hatten, die sich nun als Problemlöser anboten. Ein Großteil ihrer Geräte hatte den Krieg überstanden, Arbeitskräfte waren genügend vorhanden. Woran es zunächst mangelte war Holz für die Schwellen und Diesel für die Maschinen, aber ab 1946 oder 1947 konnte in den meisten Städten aufgeräumt werden.

In Münster war es die Firma Hermann Mielke KG aus Soest, die den Auftrag zur Trümmerräumung bekam. Etwa ein Dutzend Loks und hunderte Kipploren kamen zum Einsatz, auch mehrere Bagger konnten nach Münster geschickt werden. Bevorzugt zu räumen waren die Wege, auf denen die Straßenbahn verkehrte. Nach deren Wiederinbetriebnahme waren die Gleise dann so zu verlegen, dass sie die Straßenbahn nicht blockierten. Ziel der Trümmerbahnen war ein größeres Gelände nördlich des heutigen York-Rings. Mehrere Wiesen wurden hier mehrere Meter hoch angefüllt, auf die Aufschüttung eines Trümmerberges – wie in anderen Städten üblich – konnte damit verzichtet werden. Möglichst viele Steine versuchte man erneut zu verwenden. Teile der Trümmer wurden gemahlen und mit Zement versetzt zu neuen Mauersteinen gepresst. Viel Freude sollen die Käufer an den minderwertigen Ersatzsteinen nicht gehabt haben.

Zur Erinnerung an die Trümmerbahn erhielt die Stadt 1961 eine Dampflok geschenkt, die zunächst auf einem Spielplatz aufgestellt wurde. Seit 2004 steht sie als Denkmal auf dem Kalkmarkt.

Trümmerräumung mit Feldbahnen in Münster durch die Firma Milke. Nördlich des heutigen York-Rings wurde das abgefahrene Material abgeladen, das Gelände aufgefüllt. Noch brauchbare Ziegelsteine wurden aus dem angelieferten Schutt herausgesucht.

Trümmerverladung auf dem östlichen Domplatz, im Hintergrund die Lambertikirche. Im Vordergrund ist ein provisorischer Bahnübergang zu erkennen.

Vorige Seite: Vor dem ausgebrannten Schloss, von dem nur die barocke Fassade stehen blieb, wurde ein Rangierbahnhof eingerichtet. Eines der Gleise führte direkt durch das ehemalige Hauptportal. (Alle Fotos: Stadtmuseum Münster)

Trümmerräumung in Bielefeld

Ein Großeinsatz für die Firma Pape

Christoph Beyer

Die Stadt Bielefeld wurde erst 1944 Ziel von alliierten Bombenangriffen, am 30. September und am 7. Oktober wurden weite Teile der Innenstadt zerstört. Im April 1945 wurde die Stadt von amerikanischen Truppen eingenommen, Barrikaden und grober Schutt in den Hauptstraßen wurden mit Räumfahrzeugen provisorisch beiseitegeschoben, damit der Vormarsch weiter gehen konnte – der Rest blieb liegen. Danach übernahmen die britischen Streitkräfte die Kontrolle über die Stadt.

Im Sommer 1945 verpflichtete das Arbeitsamt erste Arbeitskräfte und Kriegsheimkehrer, weitere Straßen freizuschaufeln. Mit Pferdegespannen und einzelnen Lastwagen wurde der Schutt weggeschafft. Danach ruhten die Arbeiten, da es an Arbeitskräften und Material fehlte, andere Aufgaben waren dringlicher.

Die Stadtverwaltung schätzte die Schuttmenge auf 1,5 Millionen Kubikmeter, die Hälfte davon als loser Trümmerschutt, die andere Hälfte in Form von Gebäuderuinen. Diese Mengen konnten nur mit einer Feldbahn abgefahren werden – und so wurde die Firma August Pape beauftragt, für den Abtransport eine Trümmerbahn vorzubereiten. Auf dem Lagerplatz der Firma am Bahnhof Künsebeck lag genügend Feldbahnmaterial mit einer Spurweite von 600 mm bereit. Ab Herbst 1945 wurden zwei 40 PS-Dieselloks von Windhoff und Gmeinder auf ersten Abschnitten eingesetzt.

Im Mai 1946 wies das Arbeitsamt der Stadt Arbeitskräfte für die Trümmerräumung zu. Ab Juli 1946 wurden von Pape zunächst monatlich vier bis fünf Loks abgerechnet, je zur Hälfte Dampf- und Dieselloks. Da Kohle und Diesel knapp waren, konnte man mit verschiedenen Loks den Mangel besser handhaben. Auch sonst fehlte es an allen Ecken und Enden – 1946 meldete Pape dringenden Bedarf an Holz an, da viele Schwellen für einen sicheren Betrieb zu morsch seien. Erschwert wurden die Arbeiten immer wieder durch den Mangel an Arbeitskräften, mit eintretendem Frost wurden sie ganz eingestellt.

Im Frühjahr 1947 startete die Stadt einen neuen Anlauf mit freiwilligen Arbeitskräften. Die Militärregierung hatte dreitägige freiwillige Arbeitseinsätze erlaubt, und so wurden im Februar 1947 die 16- bis 60-jährigen Männer aufgerufen, sich an der Räumung zu beteiligen. Ab dem 27. März 1947 waren zeitweise über 400 Mann im Einsatz – in den Akten finden sich aber auch zahlreiche Klagen über die Unwilligkeit einiger Bewohner. Manche versuchten, den Einsatz möglichst lange vor sich her zu schieben – andere verfassten Erklärungen, warum ihnen die Arbeit nicht zugemutet werden könne. Die britischen Behörden vermerkten trocken: „2 % Drückeberger“.

Die Einsätze wurden von der Stadt gründlich vorbereitet. Die Innenstadt wurde in fünf Räumbezirke unterteilt. Private Unternehmen wurden beauftragt, acht Trümmerverwertungsanlagen zu errichten. In ihnen wurde der Schutt gemahlen und zu neuen Steinen verarbeitet – Baumaterial war im Jahr 1947 Mangelware.

Der Abtransport in den Räumbezirken IV und V (nördlich und westlich der Herforder Straße) erfolgte mit Lastwagen – hier lagen die zerstörten Gebäude weiter auseinander. Die am stärksten betroffenen Bereiche der Altstadt, das Gebiet rund um den Kesselbrink und die Straßen östlich der Altstadt (Bezirke I bis III) wurden mit Feldbahnstrecken erschlossen. Hier lohnte sich der Einsatz einer Feldbahn, da ganze Häuserzeilen abgefahren wurden. 1947 wurden mit der Trümmerbahn 59.131 m³ abgefahren, mit Lastwagen 18.382 m³. Pape rechnete 1946 Gleise mit einer Länge von 5.500 m ab, im Jahr 1947 waren es schon 11.480 m.

In der Altstadt wurden fliegende Gleise auf dem Pflaster verlegt, die Ausfahrt aus der Altstadt erfolgte über eine fest verlegte Strecke. Die Gleise der Straßenbahn wurden am Niederwall (Linie 2) in Höhe der Marktstraße überquert. Die Hauptstrecke der Trümmerbahn wechselte über die Turnerstraße in die Ravensberger

Trümmerräumung 1946 oder 1947 in Bielefeld am Siekerwall, Ecke Neustädter Straße. (Alle Fotos: Stadtarchiv Bielefeld)

Straße und querte in Höhe der Kaiserstraße (heute August-Bebel-Straße) nochmals die Straßenbahn (Linie 3) mit einer festen Gleiskreuzung. In der Ravensberger Straße entstand in der Nähe des Finanzamtes der Betriebsmittelpunkt: ein Rangierbahnhof, Behandlungsanlagen für die Loks sowie eine Trümmerverwertungsanlage. Von dort führte eine Strecke weiter aus der Stadt heraus zum Gelände der ehemaligen „Städtischen Ziegelei" an der heutigen Brückenstraße. Die ehemalige Tongrube war bereits ab 1941 mit dem beim Bau des Bunkers unter dem Bahnhofsvorplatz anfallenden Aushub verfüllt worden. Nun kamen die Schuttmengen aus der Innenstadt hinzu, die zu einem 30 Meter hohen Berg aufgetürmt wurden. Die Streckenlänge betrug drei bis vier Kilometer.

Im Jahr 1948 starteten die Arbeiten nach der Winterpause am 5. April wieder mit freiwilligen Kräften. Als nach der Währungsreform am 20. Juni 1948 wieder „richtiges Geld" verdient werden konnte, brach der freiwillige Einsatz zusammen. Am 8. Juli wurden die Arbeiten in den Räumbezirken I bis III und damit auch der Betrieb der Feldbahn zunächst eingestellt. Die verbliebenden Trümmer wurden ab Oktober 1948 mit Baggern und Baumaschinen der Firmen Holzmann und Pape abgeräumt. Die Maschinen sorgten noch einmal für große Schuttmengen, für die der Bahnbetrieb noch einmal bis März 1949 aufgenommen wurde. Danach standen genügend Bagger, Lastwagen und Treibstoff zur Verfügung, um die verstreut liegenden letzten Flächen zu räumen. Im Juni 1949 wurde die Hauptstrecke zum Schuttberg in der Lerchenstraße zurückgebaut.

An den Fahrzeugen der Firma Pape waren von Hand die Initialen „AP" angeschrieben worden, dazu die Maschinen-Nummern. Leider ist es bisher nicht möglich, die verschiedenen Loks zu identifizieren. Eingesetzt waren 1945 zwei Dieselloks, danach in der Regel acht Loks, je zur Hälfte Dampfloks und Dieselloks. In der Schlussphase des Feldbahnbetriebes im Winter 1948/49 waren noch einmal bis zu elf Loks unterwegs. Dazu kamen etwa 220 Kipploren in unterschiedlichen Größen.

Oben: Trümmerräumung am Siekerwall. Das Bild stammt aus einer ganzen Serie und zeigt Arbeiter in teilwiese alles andere als passender Kleidung. Der Fotograf dokumentierte offenbar vor allem den mehr oder weniger freiwilligen Arbeitseinsatz, nicht aber die Trümmerbahn.

Links: Steinmühle mit angeschlossener Steingießerei an der Welle (in der Altstadt) als Teil der Trümmeraufbereitungsanlagen.

Folgende Seite: Ein Feldbahnzug wartet in der Turnerstraße (Ecke Victoriastraße) auf die Weiterfahrt Richtung Kesselbrink. Die Dampflok stammt wahrscheinlich von Borsig. Die Oberleitung für den O-Bus ist schon wieder aufgehängt.

Bielefeld

Treidelbahnen an der Schleuse

Exotische Bahnen im Ruhrgebiet

Jahrhundertelang war es ganz selbstverständlich, dass man Binnenschiffe auf Flüssen treideln musste. Sie wurden also – zumindest flussaufwärts – mit einem Seil versehen, an dem Menschen oder Pferde zogen, die dafür einen eigenen Pfad am Ufer nutzten, den sogenannten Treidelpfad. Noch bevor man begann, jedes einzelne Schiff mit einem Motor auszustatten, entstand die Idee, das Treideln zu motorisieren. Insbesondere in Frankreich entstanden elektrische Treidelbahnen, mit denen die Schiffe auch über längere Strecken geschleppt werden konnten. In Deutschland gab es eine solche Bahn am Teltow-Kanal bei Berlin, es blieb aber bei einem Versuch.

Für den 1914 eröffneten Rhein-Herne-Kanal wählte man eine andere Technik: Zwischen den Schleusen pendelten starke Schlepper mit Dampfantrieb, die gleich mehrere antriebslose Schiffe („Schleppkähne“) ziehen konnten. An den Schleusen war eine besondere Technik nötig, da die Schlepper außen vor bleiben mussten. Hier wurden neben dem Kanal kurze Bahnstrecken in Meterspur errichtet, mit einem Seilzug ausgerüstete elektrische Loks konnten jeweils zwei Schiffe in die Schleuse hinein- oder herausziehen. Vor und hinter der Schleuse verlief die Strecke aufgeständert neben dem Kanal, um eine ausreichend lange Zugstrecke zu bekommen. Für die vier Schleusen beschaffte man zunächst 13 Elektroloks, die teils für Stromschiene, teils für Oberleitung eingerichtet waren. In den 1950er-Jahren verstärkte man die Loks und rüstete sie mit O-Bus-Stromabnehmern aus. Doch der Anteil der „Selbstfahrer“ auf dem Kanal, also von Schiffen mit eigenem Motor, stieg immer weiter. 1971 waren nur noch zwei Loks in Betrieb, bei der Erweiterung der Schleusen ab 1976 verschwanden die letzten Treidelbahnen. Zwei Treidelloks (eine davon als Torso) sind im Museum Schiffshebewerk Henrichenburg erhalten geblieben.

Rechts: Im Eröffnungsjahr des Rhein-Herne-Kanals haben sieben Männer – die Mannschaft der Schleusenanlage in Gelsenkirchen-Heßler – auf und neben einer der Treidelloks Aufstellung genommen. Die Rückseite der Brücke, auf der die Lok steht, hat kein Geländer – hier musste Platz für die Schleppseile sein. Die Aufhängung der Seile befindet sich auf der Rückseite der Lok. (Foto: Institut für Stadtgeschichte Gelsenkirchen/Max Maje)

Diese Seite: Die erhalten gebliebene Treidellok Nr. 109 im LWL-Industriemuseum Schiffshebewerk Henrichenburg. (Foto: Burkhard Beyer 2015)

CHLEUSE IV RH.H.KANAL
GELSENKIRCHEN
1914.

Schienen auf dem ganzen Werksgelände

Die Feldbahn des Sägewerks Alpmann in Salzkotten

Bis heute werden Untersätze auf Schienen verwendet, wenn in einem Sägewerk ganze Baumstämme durch die Gattersäge geschoben werden sollen. Allerdings werden die Stämme erst kurz vor der Säge mit einem Kran oder Bagger auf den Sägeuntersatz gesetzt, die fertigen Bretter mit dem Förderband oder dem Gabelstapler abtransportiert. So ist das heute auch beim Sägewerk Alpmann im Salzkottener Ortsteil Scharmede. Wenn man sich aber die Festschrift zum fünfzigsten Bestehen des Werkes von 1952 ansieht, dann sah das damals noch ganz anders aus. Das ganze Werksgelände war mit Schienen erschlossen, alle Stämme wurden auf langen, zweiachsigen Loren verschoben. Loks gab es zwar keine, nicht einmal ordentliche Puffer oder Kupplungen. Dafür aber eine Schiebebühne mit mehr als einem Dutzend Gleisen auf jeder Seite, zudem Weichen und Kreuzungsweichen in der Sägewerkshalle, auch wenn die Kreuzungen vermutlich nicht zu stellen waren. Die vorhandenen „Stapelwagen" konnten gleich mehrere Baumstämme oder Dutzende dünnere Hölzer aufnehmen, sie dienten als Transportmittel, aber auch als Lager.

Der Blick in die Sägehalle zeigt, wie die Hölzer neben der Säge auf einem Stapelwagen bereitgestellt werden, ein zweiter Wagen hinter der Säge nimmt die roh gesägten Bretter wieder auf – das Abladen und Einlegen in die Säge erfolgte noch von Hand. Mit der großzügigen Erweiterung des Holzlagerplatzes 1963 dürfte das dichte Schienennetz abgelöst worden sein, die modernen Sägen bekamen eine automatisierte Holzversorgung. Die Feldbahn ist verschwunden, das Sägewerk nach wie vor in Betrieb.

Fünf Bilder aus der 1952 erschienenen Festschrift des Sägewerks Alpmann. Der bescheidene Band zeigt nur kleine Bilder, so dass die Wiedergabequalität leider begrenzt ist. Dennoch vermitteln die Bilder einen Eindruck davon, wie sehr das ganze Werksgelände von Gleisen durchzogen und geprägt war. (Bilder aus: Festschrift „50 Jahre Carl Alpmann Scharmede i. W. 1902–1952, Salzkotten 1952, ULB Münster)

Unverzichtbare Transporthilfen in der Eisenwarenfabrik

Die Lorenbahn der Hufeisenfabrik Hoppe & Homann in Minden

Bevor ein Werkstück die Fabrik verlässt, hat es innerbetrieblich meist schon zahlreiche Bearbeitungsstationen und Zwischenlager durchlaufen. Von einer Station zur nächsten sind es oft nur wenige Meter, aber auch die müssen zurückgelegt werden. Bevor Förderbänder und Gabelstapler diese alltäglichen innerbetrieblichen Transporte übernahmen, waren Feldbahngleise und spezielle Loren auch hier das wichtigste Hilfsmittel.

Ein schönes Beispiel dafür ist die Hufeisenfabrik und Eisengießerei Hoppe & Homann in Minden. 1865 eröffnete der Schmied Wilhelm Hoppe eine Werkstatt zunächst in der Videbullenstraße. Als das Bebauungsverbot vor den Toren der Festungsstadt aufgehoben wurde, kaufte er mit seinem Vetter Fritz Homann größere Flächen an der Stiftstraße. Ab 1876 stellte er hier Hufeisen her, die er in großen Serien in einer eigenen Gießerei produzierte. 1902 errichtete man zusätzlich ein Walzwerk an der Karlstraße, 1904 verlegte man auch die Hufeisenfabrik dorthin. An einem weiteren Standort in der Friedrich-Wilhelm-Straße wurden Fahrräder produziert, nach dem Zweiten Weltkrieg kamen Landmaschinen hinzu. Das Walzwerk musste 1933 geschlossen werden, die Hufeisenproduktion endete dagegen erst 1970.

Das Foto entstand vor 1914 vermutlich im Werk an der Karlstraße und ist sorgfältig inszeniert. Die Hufeisen sind sehr ordentlich aufgestapelt, sicherlich hatte man im Alltag nicht genügend Zeit für solche Sorgfalt. Kein unpassender Gegenstand liegt auf dem Boden oder an anderer Stelle. Auch die Ladung der beiden rechts und links zu sehenden Wagen ist exakt gerade aufgestapelt. Auch wenn die Halle gewöhnlich sicher anders aussah, sind doch viele Einzelheiten aufschlussreich. Die Loren hatten keinerlei Kupplungen, mussten also geschoben werden, in der Regel von zwei

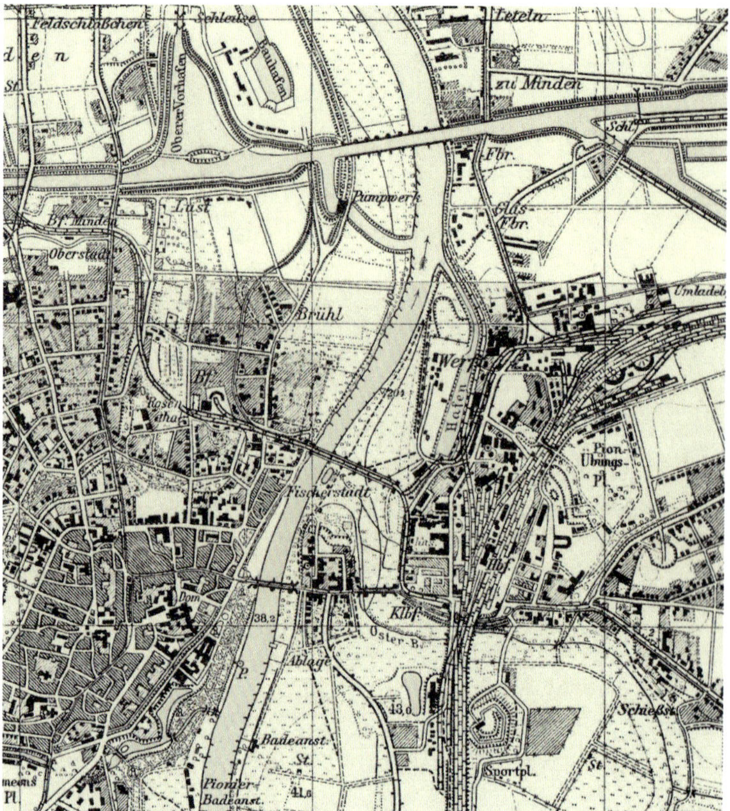

Männern. Die Gleise waren auf den Boden geschraubt, was Veränderungen vereinfachte, aber eine ständige Stolpergefahr bildete. Für die Gleisverbindung sorgten Drehscheiben – ausgerechnet dieser zentrale Bildbestandteil ist nicht ganz gerade ausgerichtet und auch nicht verriegelt. Die Lore links steht auf einer Gleiswaage. Die Wiegeeinrichtung ist ganz rechts zu sehen, über dem Schreibpult hängt eine Lampe. Der Wiegemeister hat offensichtlich zugleich eine Aufsichtsfunktion für seinen Lagerraum.

Oben: Karte von Minden 1926 – im alten Festungsbereich und rund um den Bahnhof hat sich eine vielfältige Industrie angesiedelt. Rechts: Alles blickt bitte konzentriert in die Kamera! Sorgfältig inszenierte Innenaufnahme der Hufeisenfabrik Hoppe & Hohmann vor 1914. (Foto: Stadtmuseum Minden)

ANS PAPE
MINDEN

Aus der Werkstatt wurde ein Hinterhofparadies

Die Hausrollbahn im Kreuzviertel in Münster

Das Kreuzviertel in Münster gehört heute zu den beliebtesten und teuersten Wohnvierteln der Stadt. Errichtet wurde es um 1900 als Wohnsitz für die wohlhabenderen Teile der Stadtgesellschaft, für Professoren, Beamte und Angestellte. Aber es wurden hier nicht nur Wohnungen gebaut, zumindest in den Hinterhöfen gab es auch andere Nutzungen. In der heutigen Kellermannstraße entstanden kurz nach 1900 mehrere kleine Gebäude, die einen unscheinbaren Hinterhof umschlossen. Die ursprüngliche Verwendung ist nicht ganz klar, 1914 übernahm das Militär die Anlage und richtete hier als Außenstelle der Reiterkaserne Pferdeställe ein. Aus dieser Zeit stammen wohl auch die noch heute vorhandenen Feldbahngleise (Spurweite 600 mm), die vom Hinterhof bis zur Tordurchfahrt an der Kellermannstraße reichen. Mit ihrer Hilfe fuhr man vermutlich den Pferdemist bis zur Straße, wo er dann auf Pferdefuhrwerke umgeladen wurde, die im engen Hof nicht wenden konnten. Nach dem Ersten Weltkrieg entstand hier eine Werkstatt für Elektromotoren, später folgte ein Kirchenfenstermaler, dann kamen die Kunststudenten. Bereits 1986 wurde der Komplex unter Denkmalschutz gestellt, seit den 1990er-Jahren sind hochwertige Wohnungen darin eingerichtet. Die Gleise haben die Investoren im Pflaster belassen, als Erinnerung an die frühere gewerbliche Nutzung. Für eine Lore hat sich zwischen all den Pflanzen und Blumen in diesem versteckten Hinterhofparadies leider kein Platz mehr gefunden.

Ein Feldbahnfahrzeug könnte hier heute nicht mehr rollen, dafür sind die altersschwachen Gleise zu eng zugepflastert. Aber den Verlauf der alten „Hausrollbahn" kann man immer noch gut erkennen: Ein gerades Gleis im Tordurchgang, eine Kurve nach rechts – und schon steht man im idyllischen Innenhof, einer früheren Fabrik im Hinterhof. (Fotos: Burkhard Beyer 2019)

„Erna“ fährt bei Bedarf

Ein Elektrofahrzeug auf Schienen in Rheda-Wiedenbrück

Michael Veldkamp

Wer mit der Bahn von Bielefeld nach Hamm fährt und unmittelbar am Ende der Bahnsteige des Bahnhofs Rheda-Wiedenbrück nach rechts schaut, sieht dort die Fertigungshallen und das Hochregallager der Firma „SIMONSWERK GmbH“. Mit etwas Glück befährt dann gerade auf dem fast direkt an der Bahnstrecke liegenden Hof ein vollautomatisch gesteuerter, mit Lichtschranken und Bügelfühlern gesicherter Elektrowagen, firmenintern liebevoll „Erna“ genannt, die knapp hundert Meter lange Strecke zwischen der Fertigungshalle und dem Hochregallager. Je nach Arbeitsanfall macht sich „Erna“ bis zu zehnmal am Tag zu ihrer kurzen Fahrt auf den Weg.

In einer Verladestelle in der Produktion, werksintern „Bahnhof“ genannt, wird der Elektrowagen mit Paletten bestückt, die er dann an der Gegenstelle im Hochregallager wieder abliefert. Im Wagen lassen sich zwei Paletten nebeneinander unterbringen und wetterfest transportieren. Bevor „Erna“ losfährt, senkt sich automatisch ein Planenrollo an der Seite, so dass kein Regen oder Schnee die Fracht beschädigen kann.

Das Hochregallager wurde 1986 von der österreichischen Firma TGW (Transportgeräte Wels) gebaut, von ihr wurde auch das zweiachsige, vollautomatische Elektrofahrzeug entwickelt, das seine Energie aus Akkus bezieht. Das System scheint so gut zu funktionieren, dass „Erna“ schon seit fünfunddreißig Jahren im Einsatz ist. Die Spurweite der kleinen Bahn beträgt 900 mm.

SIMONSWERK wurde 1889 als H. Simons & Co. am bis heute genutzten Standort gegründet und stellte von Anfang an Türen- und Fensterbeschläge her. Heute werden verschiedenste selbstentwickelte Bänder und Bandsysteme hergestellt und weltweit vertrieben – und immer noch beginnt der Weg in die Welt für einige Produkte mit einer Fahrt mit „Erna“ quer über den Fabrikhof. Vermutlich ist dieser Elektrowagen eines der letzten schienengebundenen Systeme dieser Art, die noch im Einsatz sind – zumindest in Westfalen …

Im „Bahnhof“ der Produktionshalle wird der Elektrowagen – von dem hier nur der mit Planen verkleidete Aufbau zu sehen ist – vollautomatisch bestückt. Die Paletten werden dabei zwischen den Führungsschienen im Vordergrund zum Wagen geschoben.

Im Juli 2021 durfte der feldbahnähnliche Elektro-Schienenwagen in Rheda auf der Fahrt zwischen der Fertigungshalle und dem Hochregallager ausnahmsweise fotografiert werden. Oben ist der Wagen bei der Ausfahrt aus dem „Bahnhof" im Bereich der Fertigung zu sehen, unten bei der Fahrt über den Innenhof auf dem Weg zum Hochregallager. Der Gleisbereich ist mit farbigen Markierungen, aber auch mit massiven Stahlrohren gegen das unbefugte Abstellen von Straßenfahrzeugen gesichert. Ein Vergleich mit Fotos von 2003 zeigt, dass der Wagen seither modernisiert und mit einem Witterungsschutz ausgestattet wurde. (Alle Fotos: Michael Veldkamp)

Unter dem „Florian“

Die Ausflugsbahn im Westfalenpark Dortmund

Überregional bedeutsame Gartenbauausstellungen hat es in Deutschland schon im späten 19. Jahrhundert gegeben, als richtungweisend gelten die in Erfurt 1865 und in Dresden 1887. Mehrere Großveranstaltungen der folgenden Jahre trugen den Titel „Deutsche Gartenbauausstellung“, ab 1933 wurde daraus die propagandistisch aufgeladene „Reichsgartenschau“, ab 1951 die deutlich zivilere „Bundesgartenschau“. Seit den 1920er-Jahren ist es üblich, für die Ausstellung einen Park zu gestalten, der auch nach dem Ende der Veranstaltung eine Bereicherung für die ausrichtende Stadt ist. Zu den Angeboten der großen Ausstellungen gehörten Rundkurse aus schmalspurigen Eisenbahnen, mit denen sich die Besucher bequem einen Eindruck vom Areal verschaffen konnten. Die ersten Bahnen hatten eine Spurweite von 381 mm, bekannt wurden diese Parkeisenbahnen durch die ab 1925 von Krauss in München gebauten verkleinerten Einheitsdampfloks, die bis heute in Dresden, Leipzig, Stuttgart und Wien fahren.

Für den 1950 wiederhergestellten Grugapark in Essen wurde eine leistungsfähigere Parkeisenbahn eingerichtet, die auf 600 mm-Gleisen fährt und damit auf der Basis von Feldbahnfahrzeugen konzipiert wurde. Bei der Bundesgartenschau 1959 in Dortmund orientierte man sich an diesem Konzept. Im Westfalenpark, dominiert vom „Florian“ genannten Fernsehturm, wurde eine etwa zweieinhalb Kilometer lange Rundstrecke eingerichtet. Die ersten Fahrzeuge waren „Porscheloks“, elegant gestaltete Züge mit einem Automotor und einem an damalige Autos angelehnten Äußeren. Zwei der früheren Dortmunder Zuggarnituren sind in Köln und Amsterdam als historische Fahrzeuge noch vorhanden. In Dortmund wurden zur erneuten Bundesgartenschau 1991 neue Fahrzeuge angeschafft, die zweiachsigen Akkuloks basierten dabei auf der Technik von Untertageloks. Fünf Züge sind vorhanden, die im Sommer täglich mindestens im Halbstundentakt fahren. Der Kreis wird dabei stets nur in eine Richtung befahren, ins Depot müssen die Züge rückwärts einrücken. Betreiber der Bahn ist heute die Firma INTAMIN Bahntechnik GmbH & Co KG, die auch für die weitgehend baugleiche Bahn im Grugapark in Essen zuständig ist.

Oben: An einem schönen Sommertag im August 2017 ist der „Gelbe Zug" im Westfalenpark unterwegs. Namen oder Nummern tragen die Fahrzeuge zumindest äußerlich nicht, die Unterscheidung erfolgt durch die Farbe. Unten ist der Rote Zug am gleichen Tag zu sehen. (Fotos: Malte Werning)

Vorige Seite: Angefangen hat der Parkbahnbetrieb in Dortmund mit den sogenannten „Porsche-Loks". Im Rheinpark in Köln ist eine ehemaliger Dortmunder Garnitur bis heute im Einsatz. (Foto: Wikipedia/Rolf Heinrich)

Winnetou und die Eisenbahn

Dampfbetrieb beim „Elspe Festival“

Zu den beliebtesten deutschen Freilichtbühnen zählt die im sauerländischen Elspe, einem Stadtteil von Lennestadt. 1950 fanden hier die ersten Aufführungen statt, 1958 wurde versuchsweise ein Stück von Karl May gegeben, seit 1964 wird nichts anderes mehr gespielt. Acht Stücke werden im jährlichen Wechsel aufgeführt, hinzu kommt ein buntes Rahmenprogramm. Seit 1978 sind die 4.400 Sitzplätze überdacht, jährlich besuchen etwa 200.000 Besucher das Vor- und das Hauptprogramm.

Seit 1975 liegen auch Gleise auf der Bühne – ohne stilechte Zugüberfälle fehlte dem klassischen Western-Programm offenbar ein entscheidendes Detail. Dabei war die ganze Eisenbahn ein Gelegenheitskauf, 1974 konnte die Bahn des im Jahr zuvor abgebrannten Westernparks „Hot Gun Town“ in Grafrath bei München erworben werden. Dort waren die beiden Loks seit 1971 gefahren. Der Betreiber der Westernstadt Toni Lötschert hatte sie wiederum von den Böhler-Werken im österreichischen Kapfenberg erworben. Die beiden Maschinen hatte Krauss in München 1915 bzw. 1917 mit den Nummern 7056 und 7377 für eine Spurweite von 760 mm gebaut. Bei der Zillertalbahn wurden die Loks aufgearbeitet und mit typischen Merkmalen einer Western-Lok versehen, darunter Kuhfänger, Kobelschornstein und grüne Farbe. Beide Loks teilen sich einen zweiachsigen Tender mit der Aufschrift „CPRR“ (Central Pacific Railroad). Von der Maskerade abgesehen handelt es sich um voll funktionsfähige Feldbahnloks, die heute zu den wenigen täglich eingesetzten Dampfloks in Deutschland gehören – zumindest im Sommer.

Die Strecke auf der Bühne in Elspe bestand zunächst aus einem Rundkurs, zu beiden Seiten der Bühne befand sich eine Wendeschleife. Später wurden die Schleifen mit zusätzlichen Attraktionen teilweise überbaut, seitdem pendelt der Zug nur noch hin und her. In drei offenen Sommerwagen können interessierte Besucher vor der Vorstellung auf die Bühne fahren und einen Blick hinter die Kulissen werfen. Kurz vor der Vorstellung werden die Wagen mit Seitenwänden versehen und – je nach Bedarf – zu geschlossenen Personen- oder Güterwagen. Nach der Corona-Zwangspause werden die Loks hoffentlich noch lange unterwegs sein.

Die Gauner im Wilden Westen schrecken vor nichts zurück! Hier haben sie die schöne Miranda (Kristin Lenhardt) gefangen genommen und vor die Lokomotive gebunden. Aufnahme aus der Inszenierung des Stückes „Winnetou I“ 2012 bei den Karl May-Festspielen, als Kulisse dient Lok 4. (Alle Fotos: Elspe Festival)

Oben: Die zwei Jahre jüngere Lok 10 ist leicht an ihren runden Führerhausfenstern zu erkennen. Szenenfoto aus der Inszenierung von „Im Tal des Todes“ 2016.

Unten: So sieht der Zuschauer die Bühne mit der auf halber Höhe von links oder rechts einfahrenden Dampflok. Für das Pressebild haben alle Darsteller des Jahres 2013 („Der Ölprinz“) sorgfältig Aufstellung genommen. Bei Rauch und Feuer hat die Bildbearbeitung etwas nachgeholfen.

Mit Affenzahn durch die Senne

Die Eisenbahn im Safaripark Stukenbrock

Christoph Beyer

Im Juli 1969 wurde in der Senne der „Safaripark Stukenbrock" (seit 2019 „Safariland Stukenbrock") eröffnet. Im eigenen Auto können Tiere bei der Fahrt durch die großen Freigehege gefahrlos betrachtet werden. Für Familien ist es ein echtes Erlebnis, ganz nah an Löwen, Geparden und Hyänen vorbeizufahren. Das Prinzip, die Gäste im eigenen Auto „einzusperren" und den Tieren große Flächen zu bieten, war auf Anhieb erfolgreich.

Für die Haltung von Affen wurde die Grundidee weiterentwickelt: Das Gehege sollte ebenfalls von den Gästen durchfahren werden – es bestand aber die (wohl berechtigte) Sorge, dass die einfallsreichen Tiere sich bei der Durchfahrt an den Autos schadlos halten würden. Es wurde also ein „affenfestes" Verkehrsmittel gesucht. Die Lösung fand sich 1972 in einer Feldbahn, die für den Betrieb im Affengehege passend hergerichtet wurde.

Die heutige Lokomotive lieferte 1976 die Spezialfirma Schwingel aus Leverkusen: Sie hatte bei dem bekannten Lokomotivhersteller Schöma in Diepholz eine Lok vom Typ „HL 18" ohne Aufbauten geordert (Fabriknummer 4144). Auf diesen Rohling baute Schwingel eine Lokomotive auf, die äußerlich an eine Dampflok erinnert: Der „Affen-Express" (so die offizielle Bezeichnung) war entstanden. Dabei ist der Begriff „Express" natürlich irreführend, da das Gehege heutzutage im Kriechgang durchfahren wird.

Auf dem alten Rundkurs – hier Aufnahmen von 1981 – gab es sogar einen Bahnübergang.

Die erste Affenanlage wurde 1988 durch ein Freigehege mit Wassergraben ersetzt. Die Fahrt beginnt und endet nun in einer überdachten Abfahrtshalle, hier wird der Zug über Nacht auch abgestellt. Die Fahrtstrecke selbst besteht nur aus einem großen Kreis ohne Weichen. Die Fahrgäste reisen in acht vergitterten Drehgestell-Wagen mit affensicher verschlossenen Türen. Der Zug wird während der Fahrt von den Berberaffen munter beklettert und nach herausgereichtem Futter abgesucht. Die Fahrgestelle der Fahrzeuge sind mit einem stabilen Drahtgitter ummantelt. So wird verhindert, dass sich Tiere verletzen oder als „blinde Passagiere" versuchen das Gelände heimlich zu verlassen. Die Tiere haben natürlich längst begriffen, dass ihre Mitfahrt an der Ausgangbrücke endet – sie versuchen aber immer wieder, mit dem „Affen-Express" in die weite Welt zu reisen.

Die Farbgebung des „Affen-Express" wechselte mehrfach. 2010 war der Zug mit einem beigen Grundton und senkrechten roten Safaristreifen unterwegs. Oben hat der Zug den Ausgangspunkt gerade verlassen, unten rechtes passiert er den „Affenfelsen" in der Mitte des Geheges. Das Bild unten links zeigt, dass inzwischen auch das Fahrwerk der Lok eine Drahtsicherung erhalten hat. (Fotos 1981: Helmut Beyer, 2010: Christoph Beyer)

Am Anfang war der Kreis

Die Dampf-Kleinbahn Mühlenstroth e. V.

Christoph Beyer

Im Jahr 1972 kauften Eisenbahnfreunde aus dem Ruhrgebiet eine schrottreife Feldbahn-Dampflok mit 750 mm Spurweite und begannen mit der betriebsfähigen Instandsetzung. Die zunächst verfolgte Idee eines Einsatzes in Österreich kam nicht zustande, und so wurde ein neues Einsatzgebiet gesucht. Zunächst als Notlösung ergab sich in der Nähe von Gütersloh die Gelegenheit, auf einem privaten Grundstück einen Rundkurs aufzubauen, wegen der Radien musste die typische Feldbahn-Spurweite 600 mm gewählt werden, die Lok wurde umgespurt. Da kein Platz für eine lange Strecke war, wurde kurzerhand ein großer Kreis verlegt, auf dem der „Gasthof Mühlenstroth" umrundet wird. So entstand ein Ausflugsziel für Gäste aus dem Großraum Bielefeld, in dem sich bis heute am Wochenende Radfahrer, Familien und Eisenbahnfreunde einfinden. Im Juni 1973 wurde der Betrieb mit zwei selbst gebauten Personenwagen und einem Packwagen eröffnet. Die „Dampfkleinbahn Mühlenstroth" (DKBM) war geboren, die zu einer bemerkenswerten Museumsbahn werden sollte.

Während die ersten beiden Dampfloks und die ersten Diesselloks typische Feldbahnfahrzeuge waren, kamen schon bald auch größere Fahrzeuge nach Gütersloh. Der Bielefelder Textilunternehmer Walter Seidensticker (1929–2015) erwies sich als tatkräftiger Unterstützer und großzügiger Mäzen. Neben Heeresfeldbahnloks aus dem Ersten und Zweiten Weltkrieg kamen auch ehemalige Kleinbahnloks hinzu – so etwa von der Mecklenburg-Pommerschen Schmalspurbahn und der Muskauer Waldbahn. Diese Bahnen betrieben trotz der Feldbahnspurweite von 600 mm einen richtigen Kleinbahnbetrieb. Sie dienten also nicht nur betriebsinternen Zwecken, sondern boten einen öffentlichen Verkehr an – eine solche Bahn hatte es in Ostwestfalen mit der Wallückebahn bis 1937 auch gegeben. Die Fahrzeuge in Mühlenstroth vermitteln einen Eindruck davon, wie klein und eng es einst zwischen Kirchlengern

und der Wallücke zuging. Angesichts des verschobenen Schwerpunkts bezeichnet sich die DKBM heute auch als „Westfälisches Kleinbahn- und Dampflokmuseum".

Der 1973 geschaffene Kreis prägt bis heute die Museumsbahn. Stark ausgebaut wurde der „Kleinbahnhof" in der Mitte des Kreises, hier befinden sich auch Lokschuppen und Wagenhalle, in der alle Fahrzeuge wetterfest untergestellt werden können. Der immer wieder belächelte Kreisverkehr wurde nach einigen Jahren aufgegeben. Nun beginnt die Fahrt am Bahnhof „Postdamm": Von dort fahren die Züge zur Kreuzungsstelle „Rödelheim" und enden im „Kleinbahnhof" an der Wagenhalle. An beiden Endstellen wird die Lok unter den neugierigen Blicken der Fahrgäste umgesetzt – und steht danach für die nächste Fahrt bereit.

Der Fahrzeugpark war immer wieder Veränderungen unterworfen, neben Neuzugängen gab es auch Abgänge – einige der Fahrzeuge waren nur Leihgaben und wechselten mehrfach den Einsatzort. Immer standen aber mehrere Dampfloks betriebsbereit zur Verfügung, um einen Zweizugbetrieb anbieten zu können. Einige typische Feldbahnfahrzeuge der Anfangszeit haben das Museum verlassen. 2020 übergaben die Erben von Walter Seidensticker die ihm gehörenden Fahrzeuge dauerhaft dem Verein. *(www.dkbm.de)*

Oben: Der einfache Kreis rund um den Betriebsmittelpunkt „Mühlenstroth" bietet zahlreiche Fotomotive. Hier verlässt Lok 5 (O&K 12805 von 1936) ein kleines Wäldchen. Die offenen Wagen sind bei Besuchern besonders beliebt. (Foto: Christoph Beyer, 2006). Unten: Ein Fotogüterzug mit Diesellok V 13 (Deutz 23268 aus dem Jahr 1939) überholt im April 2018 einen alten Trecker. (Foto: Malte Werning)

Vorige Seite: Das waren die Anfänge! Lok 1 mit den ersten, behelfsmäßigen Personenwagen auf dem Rundkurs im Juni 1973. (Foto: Friedrich Beyer)

Eine bemerkenswerte Sammlung

Das Westfälische Feldbahnmuseum in Lengerich

Ganz in der Nähe des DB-Bahnhofs Lengerich, auf der Nordseite der Gleise, steht das alte Stellwerk Lengerich Nord. Unmittelbar nach der Außerbetriebsetzung 1980 wurde es von den im Jahr zuvor gegründeten „Eisenbahnfreunden Lengerich e. V." als Vereinsheim und Standort einer Modellbahn übernommen. 1981 erhielten die Eisenbahnfans von einer Ziegelei in Jemgum eine Diema-Feldbahnlok geschenkt, die im Juni des Jahres in Lengerich eintraf. Sie war zunächst als Denkmal und Blickfang am Stellwerk gedacht, weckte dann aber den Ehrgeiz einiger Vereinsmitglieder. Die Maschine wurde betriebsfähig hergerichtet, vom Stellwerk ausgehend wurden Gleise verlegt. Der alte Kohlenschuppen der DB wurde zunächst zum eingleisigen Lokschuppen umgenutzt. Bald wurde er mit verschiedenen Anbauten um sechs Gleise erweitert, die über eine Schiebebühne erreicht werden können.

In den 1980er-Jahren wuchs die Sammlung an Feldbahnloks weiter an. Noch waren in Ziegeleien, Steinbrüchen, Kiesgruben oder bei Bauunternehmen Fahrzeuge zu finden, für die es keine Verwendung mehr gab. Zudem war das Interesse an solchen Loks noch überschaubar, die Anschaffung für den Verein bezahlbar. Auch aus einer Konkursmasse konnten einige Fahrzeuge erworben werden. 1994 erschien eine ausführliche Fahrzeugbeschreibung, die 42 Lokomotiven und zahlreiche Wagen auflistete.

Der Erfolg wurde zum Problem, immer enger wurde es auf den Gleisen rund um das Stellwerk. 2005 gelang ein regelrechter Befreiungsschlag. Parallel zu den Gleisen der DB-Strecke und unmittelbar an das Vereinsgelände anschließend konnte ein größeres Gelände angemietet werden. 2006 wurde mit maßgeblicher Unterstützung der NRW-Stiftung mit dem Bau einer großzügigen, viergleisigen Fahrzeughalle begonnen, die 2008 bezogen wurde. Während die Fahrzeuge im alten Lokschuppen dicht an dicht stehen, können sie in der neuen Halle museal präsentiert werden – mit Abstand und Erläuterungen. Aus einer Sammlung wird damit ein echtes Museum. Zahlreiche Lokomotiven des „Westfälischen Feldbahnmuseums" sind betriebsfähig, an den Öffnungstagen des Museums pendeln sie mit Personenwagen im Museumsgelände. Auch für den Großteil der Wagen wurden inzwischen Überdachungen geschaffen, um die historisch wertvolle Sammlung dauerhaft schützen zu können. 2015 konnten das Stellwerk und das Gelände der Feldbahnanlage von der DB gekauft werden. *(www.eisenbahnfreunde-lengerich.de)*

Oben: Halt eines Personenzuges an der Einstiegsstelle neben der neuen Fahrzeughalle im Juni 2019. Vorn am Zug Lok 8 (O&K 8215/1937, Typ RL 1c), hinten Lok 36 (Babelsberg 248856/1957, Typ Ns2f). Darunter ein nachgestellter Waldbahnzug mit der 1940 gebauten Lok 12 (Demag 2474, Typ ML 15).

Linke Seite: Mit der Lok 1 „Hohne" (Diema DS 20, Fabriknummer unbekannt) fing 1981 alles an. Hier steht sie unter dem Stellwerk mit Personenwagen zu einer neuen Fahrt bereit. (Alle Bilder: Burkhard Beyer, Juni 2019)

In der Ausstellungshalle befinden sich nur vier Gleise, um Besuchern ausreichend Platz für die Betrachtung der Fahrzeuge zu bieten. Oben eine Lokreihe aus Lok 28 (O&K 10169/1940), Lok 26 (Deutz 36344/1941), Lok 9 (Deutz, Fabriknummer unbekannt), Lok 30 (Schöma 155/1935) und zwei „Schienenkulis".

Unten links: Die Dampflok mit der Nummer 10 (Henschel 22363/1950) war acht Jahre im Lengericher Steinbruch im Einsatz, dann landete sie zunächst auf einem Spielplatz. Eine Wiederinbetriebnahme ist unwahrscheinlich. Unten rechts: Auch Loks des Heeresfeldbahntyps HF 130 C waren in Lengerich im Einsatz, das im Museum erhaltene Exemplar (Gmeinder 4374/1949) stammt allerdings von der Ruhrkohle AG (Bergwerk Walsum).

Oben: Die 1970 gebaute Schöma-Maschine 3268 gehört heute als Lok 45 zum Bestand des Westfälischen Feldbahnmuseums in Lengerich. Weiter vorn war sie auf Seite 72 schon einmal als Betriebslok der Warendorfer Hartsteinwerke zu sehen.

Unten: Auch der größte Teil der in Lengerich erhaltenen Wagen ist inzwischen wetterfest abgestellt. Der museale Anspruch der Feldbahnfreunde geht weit über den einer gewöhnlichen Fahrzeugsammlung hinaus.

Passende Ergänzung zum Museum

Die Feldbahnfreunde Lippe in Sylbach

Das Industriemuseum des Landschaftsverbandes Westfalen-Lippe ist dezentral organisiert. An acht Standorten werden die Anlagen wichtiger Gewerbezweige erhalten und möglichst anschaulich präsentiert. Für das Thema Ziegelherstellung fiel die Wahl auf die 1909 errichtete, 1979 stillgelegte Ziegelei Beermann, die genau auf der Grenze zwischen den Städten Lage und Bad Salzuflen liegt. Das alte Verwaltungsgebäude lag im Nordteil des Geländes, der alte Firmensitz war damit Sylbach (heute Bad Salzuflen). Mit dem Neubau des Ausstellungsgebäudes im Süden des Areals wechselte das Museum formal nach Lage. 2001 konnte das vollständig eingerichtete Museum eröffnet werden.

Zu dem vom LWL übernommen Inventar der Ziegelei gehörten auch die Reste der Feldbahn mit drei Loks. Zunächst kümmerten sich einige Mitglieder der „Eisenbahnfreunde Lippe e.V." um die Instandsetzung der Feldbahnanlage und den Aufbau eines Rundkurses, schon 1997 konnten die ersten Fahrten für Besucher angeboten werden. 2013 wurde aus der Feldbahngruppe ein eigener Verein, seit Anfang 2014 sind die „Feldbahnfreunde Lippe e.V." für die Bahn zuständig. Der Fahrzeugbestand wuchs erheblich, ihre erste eigene Lok hatten die Eisenbahnfreunde schon 1983 in Lemgo erworben. Dem heutigen Verein gehört rund ein Dutzend Loks. Hinzu kommen verschiedene Leihfahrzeuge, die von Privatpersonen zum Teil langfristig zur Verfügung gestellt werden.

Einmal im Monat können die Museumsbesucher die Feldbahn in Betrieb erleben. Befahren wird dabei eine große Schleife außerhalb des eingezäunten Museumsgeländes. Zu jeder Runde gehört der Lok- und Richtungswechsel am Lokschuppen, damit die Fahrt etwas länger dauert. Alle zwei Jahre laden die Feldbahnfreunde zu einem großen Feldbahntreffen ein, zu dem regelmäßig private Sammler mit ihren Maschinen anreisen. Dabei sind immer auch Fahrzeuge zu sehen, die sonst nicht auf öffentlich zugänglichen Museumsgleisen zu finden sind. *(www.feldbahnfreunde-lippe.de)*

Zu jeder Rundfahrt gehört ein Richtungs- und Lokwechsel zwischen Lokschuppen und Ziegelei. Im Sommer 2016 übernimmt DIEMA 2868 aus dem Jahr 1966 den Zug. Die Lok wird privat in Ennepetal erhalten und ist gelegentlich zu Gast in Sylbach.

Mit einem langen Lorenzug ist die 1954 vom Lokomotivbau Karl Marx in Babelsberg erbaute Maschine 248497 im Sommer 2019 auf dem Museumsgelände unterwegs. Bis 1990 war die Lok im Betriebsteil Sömmerda des „VEB Thüringer Ziegelwerke Erfurt" tätig, aus Privatbesitz kam sie 2014 zu den Feldbahnfreunden Lippe. So große Loks waren auf westfälischen Ziegeleibahnen nur selten zu finden.

Zum alle zwei Jahre stattfindenden Feldbahntreffen gehört eine Parade aller betriebsfähigen Loks sowie der anwesenden Gastlokomotiven. Aus Privatbesitz kam diese Lok 2016 nach Sylbach. Die Hamburger Firma Strüver bot diese ungewöhnlich kleine und leichte Lok in den 1950er-Jahren unter dem heute unmöglichen Markennamen „Schienen-Kuli" an.

Diese Seite: Beim Feldbahntreffen 2016 im Museum in Lage wurde die vorhandene Technik im praktischen Einsatz vorgeführt – die Schotterung eines zusätzlichen Weges für das Museum war ohnehin geplant. (Fotos: Burkhard Beyer)

Folgende Seite: Vor der Kulisse der historischen Ziegelei setzt sich DIEMA 2276 (Baujahr 1959) im Mai 2017 mit einem Besucherzug in Bewegung. Die Lok wurde für eine Tongrube im Westerwald gebaut, 2013 kam sie in die Sammlung der Feldbahnfreunde. Links DIEMA 952 (Baujahr 1939), eine Originalmaschine der Ziegelei Beermann. Sie gehört dem Museum, wird aber von den Feldbahnfreunden gepflegt. (Foto: Malte Werning)

DIEMA

Direkter Anschluss zum Museum

Die Muttenthalbahn in Witten

Mit der Feldbahn der „Arbeitsgemeinschaft Muttenthalbahn e.V." in Witten schließt sich der Kreis zu den am Anfang dieses Bandes beschriebenen frühen Feldbahnen. Ganz bewusst betreibt der Verein seine Bahn unter der historischen Bezeichnung, auch wenn die echte Muttent(h)albahn etwas weiter westlich verkehrte. Seit 1829 verkehrte im Muttental eine schmalspurige Pferdebahn, die mehrere Zechen im Tal mit den „Kohlenniederlagen" an der Ruhr verband. Ab 1838 wurden die Holzschienen durch Eisenschienen ersetzt. Die Trasse ist zum Teil noch zu erkennen, sie ist im Rahmen des Bergbauwanderweges Muttental zu erkunden, ein wichtiger Bestandteil der „Route der Industriekultur".

Ausgangspunkt für die heutige Muttenthalbahn sind die noch erhaltenen historischen Gebäude der Zeche Theresia, die hier bis 1854 betrieben wurde. In den Gebäuden befindet sich die Werkstatt des 1986 gegründeten Vereins, außerdem gibt es hier eine Ausstellung zur Geschichte des Bergbaus und der Feldbahn. Für die inzwischen fast einhundert Loks umfassende Sammlung wurden auf dem alten Zechengelände Abstell- und Präsentationsgleise gebaut, leider muss der größte Teil der Fahrzeuge unter freien Himmel aufbewahrt werden. 2002 wurde das von der Muttenthalbahn e.V. betriebene „Gruben- und Feldbahnmuseum Zeche Theresia" eröffnet.

Ganz in der Nähe der Zeche Theresia befindet sich noch ein weiteres Museum, das an den frühen Bergbau im Ruhrtal erinnert: das LWL-Industriemuseum Zeche Nachtigall. Seit 2003 sind hier die alten Zechengebäude und eine alte Ziegelei zu besichtigen, außerdem wird ein Besucherbergwerk angeboten. Bis heute ungelöstes Problem des Museums sind die unzureichenden Parkplätze. Besucher werden deshalb gebeten, den Parkplatz Nachtigallstraße zu benutzen und von hier aus mit der Muttentahlbahn zum Industriemuseum zu fahren; die Feldbahn wendet direkt auf dem Museumsgelände.

Aktueller Nachtrag: Beim Starkregen im Juli 2021 wurden Teile der Bahn und des Museumsgeländes erheblich beschädigt. Für die Wiederaufnahme des Betriebs gibt es noch keinen Termin; Besucher informieren sich bitte vor der Anreise. *(www.muttenthalbahn.org)*

Auf dem Gelände der Zeche Theresia befindet sich die umfangreiche Fahrzeugsammlung des Vereins. Dem Standort entsprechend machen Fahrzeuge aus dem Bergbau einen großen Teil des Bestandes aus. Alle gängigen Fahrzeugarten sind im Museum vorhanden.

Pendelzug der Muttenthalbahn im Bahnhof am Parkplatz Nachtigallstraße im September 2015. Hier sollen die Besucher des Industriemuseums möglichst vom Auto in die Bahn wechseln.

Nach etwas mehr als einem Kilometer Fahrt hat der Zug das Gelände des Industriemuseums erreicht. Diensthabende Lok ist an diesem Tag die erst 1994 gebaute DIEMA-Lok Nummer 85 „Gertrud“ (Fabriknummer 5210, Typ DS 60). Gebaut wurde die acht Tonnen schwere Lok für Südafrika, dann aber an ein Tonwerk bei Passau verkauft. Seit 2002 ist die Lok in Witten. (Fotos: Burkhard Beyer)

Literatur

Benad, Matthias/Schmuhl, Hans-Walter/Stockhecke, Kerstin: Endstation Freistatt. Fürsorgeerziehung in den v. Bodelschwinghschen Anstalten Bethel bis in die 1970er Jahre, Bielefeld 2009. [2. Aufl. 2011]

Beyer, Burkhard: Verzeichnis der Ziegeleien in Westfalen und Lippe 1905 bis 1953. Auswertung der Fachadressbücher und Branchenverzeichnisse, Online-Publikation Münster 2017 (https://www.lwl.org/hiko-download/HiKo-Materialien_013_(2017).pdf

Beyer, Burkhard: Ziegeleien im Delbrücker Land. Unternehmen, Familien und Betriebstechnik im 19. und 20. Jahrhundert, Bielefeld 2020.

Boshart, August: Schmalspurbahnen. Klein-, Arbeits- u. Feldbahnen, Leipzig 1911, Nachdrucke Mainz 1979 und Paderborn 2012.

Christopher, Andreas: Die Feldbahn. Band 1–16, Gifhorm 1989–2019.

Damnitz, Georg von: Die volkswirtschaftliche Bedeutung der Feldbahnen, Dissertation Heidelberg 1902.

Fach, Rüdiger/Steuber, Frank: Feldbahnen im Dritten Reich, Freiburg 2012.

Gottwaldt, Alfred B.: Heeresfeldbahnen. Bau und Einsatz der militärischen Schmalspurbahnen in zwei Weltkriegen, Stuttgart 1998 [Zuerst 1986].

Gottwaldt, Alfred B.: Heeresfeldbahnen im Zweiten Weltkrieg 1939 bis 1945, Stuttgart 2018.

Guenther, Max: Feldbahnen im landwirtschaftlichen Betriebe, Berlin/Leipzig o.J. [1915].

Jagsttalbahnfreunde e.V. (Hg.): Unsere vier Dampfloks. Idee und Gestaltung: Walter Ess [=Walter Seidensticker], Lübbecke 1986.

Jetzt auch Claas-Lokomotivbau? In: Der Knoter. Hausmitteilungen der Class-Werke Harsewinkel, Jg. 11 (1952), Heft 4 [Sammlung Raimund Dammann].

Kenning, Ludger: Bahn-Nostalgie Deutschland 1999, Nordhorn 1999.

Kenning, Ludger: Bahn-Nostalgie Deutschland 2000, Nordhorn 2000.

Kenning, Ludger: Bahn-Nostalgie Deutschland, Nordhorn 2004.

Lawrenz, Dierk: Feldbahnen in Deutschland. Die schmalspurigen Industriebahnen und ihre Fahrzeuge, Stuttgart 1982.

Lawrenz, Dierk: Ein Jahrhundert Feldbahnen, Stuttgart 1985.

Nostalgie auf schmaler Spur. Die Fahrzeuge des Westfälischen Feldbahnmuseums Lengerich (WFL), Nordhorn 1994.

Orenstein & Koppel-Arthur Koppel AG, Spezialkatalog Nr. 826 für Waldbahnen, Köln o.J. [ca. 1912], Nachdruck Witten 2016.

Ptaczowsky, Ludwig: Feldbahnen und Industriebahnen. Ein Lehr- und Handbuch für Ingenieure, Techniker, Großgrund- und Grubenbesitzer und Studierende, Berlin 1920, Nachdruck Berlin 2020.

Richter, Reinhard: Feldbahnen im Dienste der Landwirtschaft. Die Rübenbahnnetze der deutschen Zuckerfabriken, Berlin 2005.

Roloff, Paul: Feldbahnen, Berlin/Bielefeld/München 1950.

Rumary, Brian: Industrial Locomotives of West Germany. Book 3: Nordrhein-Westfalen, Bristol 1990.

Schenk, Michael: Die Harkort'sche Kohlenbahn und die Werksbahn der Hasper Hütte, Erfurt 2009.

Scherff, Klaus: Trümmerbahnen, Stuttgart 2002.

Veldkamp, Michael: Mit der Lore zur „Moorbude“. Feldbahn in Freistatt, in: Der Ring. Zeitschrift der v. Bodelschwinghschen Stiftungen Bethel, September 2015, S. 20–21.

Wensierski, Peter: Schläge im Namen des Herrn. Die verdrängte Geschichte der Heimkinder in der Bundesrepublik, München 2006.

Internetquellen

www.bahn-express.de
www.dkbm.de
www.drehscheibe-online.de
www.eisenbahnfreunde-lengerich.de
www.feldbahnfreunde-lippe.de
www.freistaetter-feldbahn.de
www.muttenthalbahn.org
www.schmalspur-ostwestfalen.de